통계,
혼돈과
질서의 만남
우연성 활용하기
제2판

C.R.라오 지음 | 이재창·송일성 옮김

저의 지식에 대한 욕구는
대부분 어머니의 정성으로 키워졌습니다.

어린 시절 어머니는
매일 새벽 4시에 저를 깨우신 후,
공부할 수 있도록 기름램프에 불을 붙여 주셨습니다.

어머니의 정성으로 저는 그 조용한 시간에
아주 맑은 정신으로 공부할 수 있었습니다.

우리가 알고 있는 것이 지식이며
우리가 모른다는 것을 인지하는 것 또한 지식이다.

우리가 모르는 것은 결국 우리가 알고 있는 것에 의해 발견된다.
이와 같이 하여 지식은 늘어만 간다.

더 많은 지식을 알게 될수록
더욱더 모르는 것이 많아진다.
이처럼 지식은 끝없이 늘어만 간다.

***

모든 시식은 따지고 보면 결국 역사다.
모든 과학은 추상적으로 보면 결국 수학이다.
모든 판단은 이치로 보면 결국 통계다.

역자 서문

건조하고 딱딱하게만 느껴지는 통계학! 그러나 우리의 일상생활 여러 곳에 통계학이 이용되고 있음을 우리는 잘 알고 있습니다. 라오(C. R. Rao) 교수가 쓴 이 책은 우리를 에워싸고 있는 불확실성(혼돈 또는 무질서)에 적응해 가도록 우리의 삶을 계획해 가는 방법을 제시하고 있습니다. 우연성을 통해 무질서(혼돈) 속에서 질서를 찾는 방법을 보여주고 있습니다. 따라서 이 책의 원제인 "Statistics and Truth"를 "통계, 혼돈과 질서의 만남"으로 옮겼습니다.

이 책은 여섯 장으로 구성되었으나 순서에 관계없이 읽어도 괜찮습니다. 수리적 배경이 약한 독자들은 제4장을 생략하고 읽어도 좋습니다. 기초통계학을 배우는 학생들은 이 책을 참고용 부교재로 사용할 수 있습니다. 통계학을 전공하는 학생들은 자료분석의 원칙과 전략에 대해 새롭게 이해할 수 있는 계기가 될 것입니다. 통계학을 배우지 못한 일반인들에게는 통계학의 발전과정과 함께 자기가 일하는 분야에서 통계학이 어떻게 이용되는지를 이해 할 수 있는 교양도서나 안내서로 이용할 수 있습니다.

통계학은 다른 학문의 연구가 효율적이며 객관적인 결과를 얻을 수 있게 하는 방법론으로도 크게 기여하고 있어, 각 학문분야의 응용성격에 따라 생물통계학, 공업통계학, 의학통계학, 경제통계학, 금융통계학… 심지어는 스포츠통계학에 이르는 현대과학을 총 망라하는 응용대상을 갖고 있습니다. 이렇듯 중요한 과학으로서의 통계학은 응용의 파급에 비추어 큰 관심의 대상이 되고 있지 않는 것이 현실입니다. 마치 물과 공기는 생명체에 제일 중요한 요소이나 우리가 관심을 등한히 하는 것과도 비슷합니다. 통계적 방법이나 통계적 사고방식은 통계라는 이름과 별도로도 쓰이고 이해되고 있습니다. 이런 현상은 지극히 당연한 일입니다. 그러나 통계학에서 이미 발전시켜 놓고 입증한 방법을 타 분야에서 새로운 시행착오를 거쳐 재발견하는 것은 지극히 비효율적이고 비생산적입니다. 타 분야에서 연구방법으로 제기되어 통계학적 검증을 거친 방법은 어느 분야에서도 응용될 수 있도록 해야 과학의 발전이 더욱 순조롭게 진행될 수 있습니다.

2001년 8월 서울에는 한국 통계학의 역사에 큰 획을 긋는 일이 있었습니다. 다름아닌 제53차 세계통계대회가 열린 것입니다. 국제통계기구(ISI)의 2년마다 열리는 대회로 세계적 통계학자, 국가통계기관의 책임자들 그리고 통계관련 기업의 전문가들이 모이는 큰 대회입니다. 서울대회에는 100여개 나라로부터 총 2,600여명이 참석한 국내개최학회로서는 최대규모였으며 논문발표 편수만도 900여편이 넘었습니다. 이것이 한국의 통계학 발전과 통계학의 인식제고에 좋은 기회가 됐습니다.

ISI 서울대회에는 세계적 통계학자인 라오(C.R. Rao) 교수도 왔었습니다. 물론 그 분 이외에도 수많은 석학들이 서울을 방문했습니다. 라오 교수는 1920년 9월 10일 후버나 하다갈리라는 인도의 조그만 동네에서 태어났으며 그가 스무살 되던 해에 안드라 대학에서 수석으로 수학석사학위를 받고, 이어 캘커타 대학에서 통계학석사, 그리고 1948년에는 영국의 캠브리지 대학에서 "생물학적 분류의 통계적 문제"로 박사학위를 얻었습니다. 그 후 세계 각국의 명문대학에서 강의를 해 왔으며 14편의 저서와 400여편의 논문을 발표했습니다. 아마도 노벨상에 통계분야가 있었더라면 그가 수상자가 됐으리라는 데는 아무도 이견이 없을 것입니다.

라오 교수는 1977-79년에 ISI회장을 역임했으며 ISI활동에 적극적이었습니다. 1993년의 이탈리아 피렌체에서 열린 ISI대회에서 그는 이 책의 제1판본을 몇 사람에게 주었습니다. 당시 산업은행의 조사부장으로 있던 변중석 박사와 역자는 이 책은 반드시 번역해서 널리 읽히도록 해야 한다는데 공감했습니다. 변 박사가 제1판으로 번역을 상당히 진행하고 있던 차에 우리는 다시 서울에서 라오 교수와 만나서 번역본의 판권을 이야기하게 됐습니다. 그는 제2판이 나왔으며 대폭 수정보완되어 체제가 전혀 다르다고 했습니다. 이 책의 제2판은 과연 제1판과는 전혀 딴 책 같았습니다. 처음부터 새로 번역할 수 밖에 없었습니다. 라오 교수는 한국어 판권을 흔쾌히 역자에게 위임해 주었습니다.

마지막으로 이 책이 '통계적 마인드'가 확산되는 계기가 되는 책자로서 도움이 되기를 기대합니다. 우선 라오 교수의 번역판 허가에 감사드리고, 변중석 박사의 초기의 시도가 큰 도움이 됐음을 감사드립니다. 출판을 흔쾌히 맡아 준 나남의 조상호사장께도 감사한 마음을 전합니다.

2003년 1월
이재창·송일성

역자 서문

제2판의 출간에 즈음하여:

제1판이 나온 지 오래됐고 이미 재고도 없어 품절된 지 오래입니다. 아직도 본서를 찾는 독자가 간혹 있으나 재판을 낼 생각은 못 하고 있던 차에 지디에스케이 류근운 사장의 제의와 호의로 제2판을 준비하게 되었습니다. 제1판의 오자와 탈자를 고치고 어색한 부분을 수정하여 제2판을 내기로 하고 책의 모양도 좀 고쳐 본판을 내게 되어 이 자리를 빌려 류 사장에게 감사를 드립니다. 최근의 데이터 과학의 급발전에 라오교수 (작년 100세를 맞았습니다.)의 고전적 강의가 더욱 빛을 볼 것으로 생각하고, 통계 응용이 4차 산업의 대세로 된 지금 더욱 필요한 지적 초석임을 강조하게 됩니다.

2022년 2월

이재창·송일성

추천하는 글

연초에 인도 과학·산업연구위원회Council of Scientific & Industrial Research(CSIR)에서는 일련의 특별강연회를 기획하였습니다. 이 강연회의 목적은 인도와 해외로부터 유명한 과학자들을 초청하여, 그들이 선택한 주제들에 관하여 세 번의 강의를 하도록 하는 것이었습니다. 과학·산업연구위원회 특별강연회로 알려진 이 강의들은 인도의 여러 지역에서 강연되었습니다. 이 일련의 강연 중 첫 번째는 천재적인 수학자 라마누잔Srinivasa Ramanujan을 추모하기 위한 것이었습니다.

첫 번째 강연이 통계학 분야에서 세계적으로 인정받고 있는 뛰어난 과학자인 라오C. Radhakrishna Rao 교수(현, 펜실베니아 주립대학교 통계학과 종신교수)에 의하여 시작되었다는 것은 매우 고무적이라 할 수 있겠습니다.

이 강의들은 델리에 있는 국립물리연구소와 마드라스에 있는 중앙가죽연구소 그리고 켈커타에 있는 인도통계연구원에서 행해졌는데, 통계전문가들은 물론 물리학자, 화학자, 생물학자, 다양한 연령층의 학생들, 그리고 전문직업인들과 행정관리들로부터 폭 넓은 호평을 받았습니다. 강연에서 다루었던 내용은 범위의 폭이 넓었으며, 과학 및 관리분야에 걸친 많은 인류활동의 영역에 고루 미쳤습니다.

강연내용이 출판된 지금, 과학·산업연구위원회는 전세계에 걸쳐 많은 과학자들이 라오 교수와 같은 저명한 과학자의 글을 통하여 좋은 점들을 많이 배울 수 있기를 기대합니다.

끝으로 편집은 물론 책이 빨리 나오도록 힘써준 사르마Y.R. Sarma 박사에게 감사를 표합니다.

뉴델리
1987년 12월 31일

미트라A. P. Mitra
인도과학산업연구위원회 위원장

불확실한 지식

+

지식 속에 들어있는
불확실성의 양에 대한 지식

=

이용 가능한 지식

머리말

저는 인도 과학·산업연구위원회Council of Scientific & Industrial Research(CSIR) 후원으로 이루어지는 라마누잔 추모강연회에서 강연할 수 있게된 것을 매우 영광으로 생각합니다. 이러한 영광과 함께 라마누잔 100주년 기념행사에 참가할 수 있도록 배려해 주신 인도 과학·산업연구위원회 위원장 미트라 박사에게 감사를 표하고 싶습니다.

저는 모두 세 번의 강의를 했습니다. 계획대로 처음에는 델리에서, 두 번째는 켈커타에서, 그리고 마지막은 마드라스에서 강의했고, 이것을 네 개의 장으로 나누어 출판하게 되었습니다. 매 강의마다 강의 서두에 저는 보기 드문 천재수학자이며 저의 어린 시절 전설적 인물로 통했던 라마누잔의 생애와 그가 이룩한 업적들에 관하여 언급하였습니다. 이러한 언급을 통해 젊은 세대들로 하여금 라마누잔의 업적에 대하여 관심을 갖도록 하고자 하였습니다. 또한 학생들이 창조력과 독창적 사고를 형성할 수 있도록 우리의 교육체제를 개선하고 연구기관들을 재편해야 할 필요성을 강조하고자 하였습니다.

제가 학생이었을 때, 통계학은 아직 걸음마 단계였는데 그 후 지난 50년 동안 저는 통계학이 거의 모든 연구분야에서 지식을 얻는 매우 중요하고도 유용한 도구로써 하나의 독립적인 학문분야로 발전하는 것을 자세히 지켜볼 수 있었습니다. 우리는 이러한 놀라운 발전에 대한 이유를 쉽게 찾을 수 있습니다.

통계는 경험과 불확실성하의 의사결정으로부터 배우는 방법론으로서 인류의 시작과 함께 이용되었습니다. 그러나 이러한 과정들에 내포된 귀납적 추론은 전혀 성문화되지 않았습니다. 왜냐하면 주어진 자료들과 정보로부터 이끌어 낸 결과들을 확실하다고 단언할 수 없었기 때문이었습니다. 이러한 문제는 유도된 결론에 내포된 불확실성의 양을 구체화하는 방법에 의해 귀납적 추론이 정확하게 이루어짐으로써 금세기 초에야 극복될 수 있었습니다. 이것은 어떠한 주어진 불확실한 상황하에서도 순전히 연역적 추리과정만으로 위험을 최소화하는 최적 행동을 가능하게 하였습니다. 일단 이러한 메커니즘이 이용 가능하게 되자 봇물 터지 듯 수많은 응용이 이루어졌습니다.

아리스토텔레스 시대부터 19세기 중엽까지 우연성Chance은 과학자들뿐만 아니라 철학자들에게서도 미래예측을 불가능하게 하는 인류 무지의 표시로 인식되었습니다. 그러나 우리는 오늘날 우연성은 모든 자연적 현상에 내재하고 있음을 알았고, 자연을 이해하고 손실을 극소화한 최적의 예측을 하기 위한 유일한 방법은 우연성(또는 우연성의 내부구조)을 연구하여 그에 따른 적절한 행동법칙을 형식화하는 것이라는 것을 깨닫게 되었습니다. 우연성이 우리들의 일상생활에서 훼방자나 말썽꾸러기처럼 보일지 모르나, 우연성은 오히려 우리를 도와주고 무언가를 창조할 수 있도록 해줍니다. 이제 우리는 우연성이 인류를 위하여 제대로 기능하도록 하는 것을 배웠습니다.

저는 강연의 주제로서 통계학의 형성과 현대의 발전과정 그리고 통계학의 미래를 선택하였습니다. 왜냐하면 지난 45년 동안 저는 교수로서, 연구가로서, 통계상담가로서, 또한 통계와 관련된 거대한 조직의 학사담당 관리자로서 통계에 관여했기 때문입니다. 저는 현대 통계학의 역사에서 엄청난 발전이 이루어진 시기를 살고 있습니다. 저는 학생시절 수학-주어진 전제로부터 결과를 연역하는 논리-을 전공했습니다. 나중에 저는 통계학-경험으로부터 배워나가는 합리적인 접근방법이며 결과가 주어진 조건에서 전제를 규명하는 논리-을 공부했습니다. 저는 자연스런 지식의 발전측면이든 또는 일상의 일을 효율적으로 관리하는 측면이든 간에 인류의 모든 활동에 수학과 통계학이 중요하다는 것을 인식하게 되었습니다. 저는 다음과 같이 생각합니다.

모든 지식은 따지고 보면 결국 역사다.

모든 과학은 추상적으로 보면 결국 수학이다.

모든 판단은 이치로 보면 결국 통계다.

이 책의 제목인 "통계와 진실Statistics and Truth" 그리고 여기서 다루는 일반 주제들은 몇 년 전에 출판되었던 폰 미제스R. von Mises의 강의 모음집인 "확률, 통계 그리고 진실Probability, Statistics and Truth"의 제목 및 주제들과 다소 비슷합니다. 폰 미제스의 책이 출판된 이후, 우연성에 대한 우리의 사고와 태도가 새롭게 발전하게 되었습니다. 우리는 끊임없이 "주사위 놀이하는 하나님Dice-playing God"과의 조화를 추구하였으며, 우리를 에워싸고 있는 불확실성과 어울리기 위하여 우리의 삶을 계획하는 것을 배웠습니다. 이제 우리는 우리의 통제를 벗어났거나 혹은 다루기에 극도로 복잡한 상황들에 직면했을 때 발휘되는 우연성의 유용한 역할을 이해하고 받아들이기 시작하였습니다. 저는 특히 이러한 점을 강조하기 위하여 소제목을 "우연성 활용하기Putting Chance to Work"라고 붙였습니다. 국립물리학연구소 소장인 조쉬 박사는 토마스 헉슬리가 한 말, 즉 '나이 육십이 넘은 과학자는 득보다는 해를 더 많이 끼친다' 는 이야기를 상기시켜 주었습니다. 통계적으로 본다면 이 말은 맞을지도 모릅니다. 우리는 나이들어감에 따라 과거의 생각에 집착하고 그 생각을 전하려는 경향이 있습니다. 이것은 과학을 위해서는 옳지 않습니다. 과학은 변화, 즉 새로운 아이디어의 도입에 의해 발전합니다. 이것은 불가능하게 보이지만 혁명적 변화의 핵이 될 수 있고 제약받지 않는 젊은 정신에서만 나타날 가능성이 있습니다. 그러나 저는 일생동안 적극적인 과학자로서 삶을 살았던 레일레이Lord Rayleigh의 말을 따르고자 노력합니다. 그는 67세 때(정확히 나의 현재 나이와 같다) 역시 유명한 물리학자인 자신의 아들로부터 헉슬리의 말에 대하여 어떻게 생각하는지 질문 받고서는 다음과 같이 대답하였습니다.

젊은이들의 연구에 대해서 비판을 가하려 한다면 그럴지도 모르지. 그러나 자기가 충분히 숙지하고 있는 일에 국한해서 언급한다면 남에게 해를 끼칠 일이 있을 것 같지 않구나.

그러나 할데인J.B.S. Haldane은 인도과학자들이 겸손하여 서로의 연구에 대하여 비판하지 않는데 이것은 과학의 발전에 좋지 않다고 말하곤 했습니다.

여러 장소에서 행하여졌던 라마누잔 추모강연회의 내용을 책으로 편집하고 출판하는데 도움을 주신 인도통계연구원Indian Statistical Institute의 사르마Y.R.K. Sarma 박사에게 깊은 감사를 전합니다.

켈커타
1987년 12월 12일
라오C.R. Rao

통계를 분별없이 받아들이는 사람은
쓸데없이 남들로부터 자주 속임을 당할 것이다.

그러나 통계를 분별없이 신뢰하지 못하는 사람은
쓸데없이 자주 무지를 드러내게 된다.

제2판 머리말

"통계와 진실: 우연성 활용하기" 제1판은 1987년 라마누잔 탄생 100주년 추모강연회에서 강연한 통계학에 대한 역사와 발전에 관한 세 번의 강의를 기초로 만들어 졌습니다. 제1판에서는 각 강의에서 다룬 주제들을 좀더 자세하게 재편집하여 책으로 만들었습니다. 제2판은 여러 면에서 제1판과 다르게 만들었습니다.

제1판에서 강의1, 2, 3의 장에 들어있던 내용들은 완전히 다시 구성하여 다섯 개의 장으로 확장하였습니다. 새로이 편집된 다섯 개의 장에서는 통계학의 발전과정, 즉 행정적인 목적으로 자료를 수집하고 정리하던 통계의 기원에서부터 학문과 연구를 위한 별도의 훌륭한 과학분야로 자리잡기까지의 과정을 일관되게 설명하고자 하였습니다. 여러 가지 사례를 통하여 모든 과학적 연구와 의사결정에 통계학이 관련되어 있음을 보였습니다. 마지막으로 통계학의 일반적 이해에 관한 장(제6장)을 완전히 새로이 추가했습니다.

제1장은 무작위, 혼돈, 우연성의 개념을 다루고 있는데, 이것들은 모두 자연현상을 연구하고 설명하는 데 중요한 역할을 하고 있습니다. 비밀을 요하는 신용거래를 할 때, 편향되지 않은 정보를 얻고자 할 때, 그리고 복잡한 계산을 수반하는 문제를 해결하고자 할 때 사용되는 난수의 역할에 대해 설명하였습니다. 예술과 과학에서의 창조성에 대해서도 언급하였습니다. 제2장에서는 새로운 지식을 창출할 때 사용되는 연역적 추론방법과 귀납적 추론방법에 대해 소개하였습니다. 또한 불확실성을 계량화하여 어떻게 최적의 의사결정을 하게 되는지를 보였습니다.

통계가 이용된 지는 오래되었지만 그 역사는 짧습니다. 제3장과 제4장에서는 통계학의 발전과정을 다루었습니다. 즉, 원시인이 자기 가축의 수를 셈하기 위해 돌에 금을 새기던 때부터 숫자나 주어진 자료로부터 정보를 추출하고 불확실한 상황 아래서 추론을 도출하기 위한 강력한 논리적 도구가 되기까지의 과정을 망라하였습니다. 자료가 위조되지 않고, 오염되지 않고, 취향에 맞게 편집되지 않게 할 필요성을 강조하였으며, 자료 속에 들어있는 이러한 유형의 결함을 발견하기 위한 몇 가지 방법을 기술하였습니다. 제5장에서는 자연의 신비를 벗기는 문제, 일상의 생활에서 최적의 의사결정을 하는 문제, 또는 법정싸움을 해결하는 문제 등 어떠한 형태의 연구나 조사작업에서도 통계학이 진실을 탐구하기 위해 필요 불가결한 도구로 이용되고 있음을 다루었습니다.

우리는 정보시대에 살고 있습니다. 그리고 많은 정보들은 다음과 같이 계량화된 형태로 전달됩니다. "금년의 범죄율은 지난해에 비해 10% 감소하였습니다. 내일 비 올 확률은 30%입니다. 주식시장의 다우존스지수는 50포인트 올랐습니다. 매 4명에 1명 꼴로 중국인 어린애가 태어납니다. 대통령의 외교정책을 찬성하는 비율은 57%이며 오차의 한계는 4% 포인트입니다. 당신이 결혼하지 않은 채 독신으로 살면 수명이 8년이나 단축됩니다." 이러한 숫자들은 일반인들에게 무엇을 의미할까요? 이러한 숫자들에는 개인이 삶의 질을 향상하기 위해 올바른 의사결정을 하는데 도움이 되는 어떠한 정보가 들어 있을까요? 제6장에서는 통계학에 대한 일반적 이해의 필요성과 유능한 시민이 되기 위해 숫자로부터 무엇을 배울 수 있는가에 대해 다루었습니다. 웰스H.G. Wells는 다음과 같이 말했습니다.

유능한 시민이 되기 위해서는 읽고 쓸 줄 아는 것만큼이나 통계적 사고방식이 필요하게 될 것이다.

1987년의 강연에서는 각 강의의 서두에 라마누잔의 생애와 연구업적에 대해 언급했습니다. 이러한 전기적 내용들을 모두 모아 라마누잔에 관한 소고로 이 책의 부록에 실었습니다.

유니버시티 파크
1997년 3월 31일
라오 C.R. Rao

차례

역자 서문		004
추천하는 글		007
머리말		010
제2판 머리말		014

제1장 불확실성, 무작위, 그리고 새로운 지식의 창조   020

1. 불확실성과 수량화   022
2. 무작위와 난수   024
3. 결정론으로부터 무질서 속의 질서로   038
4. 무작위와 창조력   042
* 참고문헌   047
부록: 토론   048

제2장 불확실성 길들이기: 통계학의 발전   064

1. 초창기 역사: 데이터로서의 통계학   066
2. 불확실성 길들이기   074
3. 통계학의 미래   086

제3장 자료분석의 원칙과 전략: 자료의 교차 분석   090

1. 자료분석의 발전역사   092
2. 자료의 교차분석   099
3. 메타분석   117
4. 추론적 자료분석과 맺는 말   118
* 참고문헌   122

제4장	가중분포: 편향이 내재된 자료	126
	1. 모형설정	128
	2. 절단화	129
	3. 가중분포	132
	4. 크기비례확률에 의한 표본추출	133
	5. 가중이항분포: 경험적 정리들	134
	6. 알코올중독과 가족크기 및 출생순서	142
	7. 대기시간 패러독스	147
	8. 손상모형	148
	* 참고문헌	150

제5장	통계: 진리탐구에 필요불가결한 도구	152
	1. 통계와 진실	154
	2. 몇 가지 사례들	162
	* 참고문헌	190

제6장	통계학의 일반적 이해: 수로부터의 학습	192
	1. 모든 사람을 위한 과학	194
	2. 자료, 정보 그리고 지식	195
	3. 정보혁명과 통계학의 이해	200
	4. 우리를 우울하게 하는 숫자들	204
	5. 일기예보	206
	6. 여론조사	208
	7. 미신적 행위와 심신치료과정	210
	8. 통계학과 법률	212
	9. 초감각적 인지와 놀라운 일치	216
	10. 수량화된 통계적 사고의 확산	218
	11. 핵심기술로서의 통계학	219
	* 참고문헌	219

부록	스리니바사 라마누잔: 보기 드문 비범한 인물	220
	찾아보기	230

집이 돌로 지어 지듯이
과학은 사실의 기초 위에 이룩된다.
그러나 돌무더기가 집이 아니듯이
사실만을 모아놓은 것이 과학은 아니다.

- 뿌앙까레 Jules Henri Poincare -

제1장

불확실성, 무작위, 그리고 새로운 지식의 창조

혼돈이 몰아치게 storm 하라!
여러 모양의 구름이 떼 지어 모여들게 swarm 하라!
내가 형태 form를 기다리고 있으니.

- 프로스트Robert Frost, 페르티낙스Pertinax

1. 불확실성과 수량화

불확실성Uncertainty과 무작위Randomness의 개념은 오랫동안 인류를 곤혹스럽게 하고 있습니다. 우리는 주변의 물리적·사회적 환경으로부터 매 순간 불확실성에 직면하게 됩니다. 여러 방면에서 우연한 사건들이 우리에게 일어납니다. 때로는 재앙으로부터 고통을 받기도 합니다. 우리는 이러한 자연의 불확실성에 인내할 줄 알아야 합니다. 사물들은 결정적이지 않습니다. 괴테Gothe는 다음과 같이 말했습니다.

위대하고 영원한 변치 않는 법칙이 우리를 인도한다.

또한, 위대한 물리학자 아인슈타인Einstein은 다음과 같이 믿었습니다.

신God은 우주와 함께 주사위놀이를 하지 않는다.

일부 신학자들은, 신이 모든 일을 주관하기 때문에 신에게 있어서 무작위한 것은 아무 것도 없다고 주장합니다. 또 다른 신학자들은 신마저도 무작위한 사건들에 좌우된다고 말합니다. 아나톨 프랑스Anatole France는 그의 저서 "에피쿠러스의 정원The Garden of Epicurus"에서 다음과 같이 말합니다.

우연이란 아마도 신이 서명하고 싶지 않았을 때 썼던 필명일 것이다.

아리스토텔레스 시대부터 철학자들은 인생에서 우연의 역할을 인정하였는데, 그들은 이 우연이 질서를 깨트린다고 생각하였으며 또한 그들의 이해 범주를 넘어선 것으로 치부하였습니다. 그들은 우연의 연구가능성이나 불확실성의 측정가능성에 대하여는 인식하지 못하였습니다. 또한 인도의 철학자들은 우연에 대하여 생각할 아무런 필요를 느끼지 못하였습니다. 왜냐하면 그들은 전생을 통해 인간의 운명이 결정된다는 고대 인도 카르마의 가르침을 믿었기 때문입니다.

모든 인간활동들, 즉 대학에 들어가는 것, 직업을 선택하는 것, 결혼하는 것, 돈을 투자하는 것 등은 예측을 기초로 하여 이루어집니다. 미래는 아무리 많은 정보를 가지고 있다 하더라도 불확실한 것이기 때문에 올바른 의사결정을 할 수 있는 어떠한 시스템도 있을 수 없습니다. 불확실한 상황과 의사결정시 나타나는 불가피한 오류로 인해, 인간은 점성술 같은 사이비과학에 빠지기도 하며, 예언가의 말에 현혹되기도 하고, 사이비종교나 주술의 희생자가 되기도 합니다. 우리는 다음과 같은 플라우투스의 지혜에 의지하고자 합니다.

이것은 평범한 진리이다. 모든 사람은 절호의 기회에 이득을 꾀하고자 한다.

- 플라우투스Plautus(200 BC)

요즘은 다음과 같은 말로 표현되기도 합니다.

잘못된 기회에 잃은 것은 적절한 기회에 찾을 수 있다.

- 사우드웰Robert Southwell(1980)

일상에서 일어나는 우리의 성공이나 실패는 우리의 능력이나 노력보다도 우연한 기회로 설명되는 경우가 더 많습니다. 어떤 주어진 상황에서의 불확실성은 여러 가지 형태로 나타날 수 있습니다. 그것은 다음과 같은 이유로 일어날 수 있습니다.

정보의 부족

이용 가능한 정보 안에 존재하는 부정확성

필요한 정보를 얻는 기술의 부족

필수적으로 이뤄져야 하는 측정의 불가능

…

불확실성은 물리학에서의 기본입자의 운동, 생물학에서의 유전자나 염색체의 운동, 스트레스와 긴장 속에 살아가는 개인들의 행동 등에서처럼 본래가 고유하게 존재합니다. 따라서 이러한 문제를 해결하기 위해서는 자연과학이나 생물과학 또는 사회과학의 결정론적 법칙보다 확률적 법칙에 근거한 이론의 개발이 필요합니다.

불확실한 상황에서는 어떻게 의사결정을 해야합니까? 새로운 현상을 발견하거나 새로운 이론을 주장하기 위하여 관측된 자료를 어떻게 일반화하여야 합니까? 그 과정은 예술입니까, 기술입니까, 아니면 과학입니까?

이러한 질문에 답하기 위한 노력은 단지 20세기 초에 불확실성을 수량화하고자 시도하면서 시작되었습니다. 이러한 노력이 완전히 성공하였다고 말하기는 힘들지만 성취된 업적들은 인류가 시도하는 모든 분야에 혁신을 가져왔습니다. 연구에 대한 새로운 지평을 열고, 자연에 대한 지식 및 인류복지의 발전에 도움을 주었습니다. 또한 우리의 사고방식에 변화를 가져 왔으며 자연의 비밀을 대담하게 파헤치게 됐는데, 이러한 것들은 과거에는 결정론에 대한 굳은 생각과 우연성을 다룰 능력의 부족으로 인하여 불가능했던 것들입니다. 이러한 발전의 자세한 내용과 이러한 아이디어가 나오기까지 오랜 시간이 걸린 이유를 다음 장에서 설명하겠습니다.

2. 무작위와 난수

이상하게도 불확실성을 연구하는 방법론은 무작위로 배열된 숫자들을 사용합니다. 여기서 무작위로 배열된 숫자들이란, 0,1,…,9의 숫자가 씌어진 10개의 동전들을 주머니에 넣은 후, 한 개의 동전을 끄집어내고 다시 그 동전을 주머니에 집어넣고 흔든 다음 또 다른 동전을 끄집어낼 때 얻어지는 수의 열과 같은 것입니다. 난수Random numbers라고 불리는 이러한 수열은, 이미 추출된 숫자들을 가지고 다음 번에 추출될 숫자를 예상할 수 없다는 점에서 불확실성(무질서 또는 엔트로피)을 최대한 반영하고 있다고 볼 수 있습니다. 이러한 난수를 어떻게 생성하는지, 그리고 특정 조사연구나 복잡한 계산들이 수반되는 문제를 푸는데 이 난수가 얼마나 필요 불가결한 것인지 알아보도록 합시다.

2.1 난수에 관한 책!

1929년 티펫L.H.C. Tippett이라는 통계학자가 "무작위 추출 숫자들Random Sampling Numbers"이라는 책을 출판하였습니다. 이 책에 포함된 숫자는 41,600개(0에서 9까지의 정수)인데, 4개의 숫자를 하나의 세트로 하여 여러 개의 세로배열을 한 것으로 26페이지로 구성되어 있습니다. 저자는 영국의 인구조사통계표에 있는 행정교구지역들의 인구수를 이용하여 각 지역의 숫자에서 처음 두 자리와 나중 두 자리를 생략한 다음, 이 생략한 숫자들을 41,600개의 숫자가 얻어질 때까지 여러 가지 방법으로 차례로 접속시키는 방법을 사용하였습니다. 단지 되는 대로 숫자를 모아 놓은 것에 불과한 이 책은 전문서적 중 베스트셀러가 되었습니다. 그 후, 위대한 통계학자인 피셔R.A.Fisher와 예이츠F.G.Yates가 또 다른 책을 출판하였는데, 이것은 20단위 대수표에서 15~19자리 숫자들을 나열하는 방식으로 15,000개 숫자들을 배열한 것입니다.

난수에 관한 책! 이것은 사실도 허구도 아닌 단지 의미 없는 숫자들을 되는 대로 모아 놓은 것에 불과한 것입니다. 도대체 이것을 무엇에 쓸 수 있겠습니까? 과학자들이 왜 이것에 관심을 가집니까? 만약 이것이 이전 세기에 출판되었더라면 과학자들과 문외한들은 반발했을지도 모릅니다. 그러나 이 난수에 관한 책은 실존세계의 문제를 해결하기 위한 필요로부터 생산된 20세기의 대표적 발명품입니다. 이제 난수생산은 상당한 연구와 정교하고도 빠른 컴퓨터들을 필요로 하는 수십억 달러의 사업이 되었습니다.

난수열이란 무엇입니까? 이것은 이전에 언급한 것처럼 어떤 특정한 패턴을 따르지 않는다는 것을 제외하고는 이렇다 할만한 정의가 없습니다. 그러면 사람들은 어떻게 숫자들을 그처럼 이상적으로 배열할 수 있겠습니까? 예를 들어 동전을 여러 차례 던져서 다음과 같이 앞면이 나오면 1을 기록하고 뒷면이 나오면 0을 기록합시다.

$$011010\cdots$$

여러분들이 동전을 던질 때마다 매번 결과를 조작할 수 있는 마술사가 아닌 한, 여러분들은 이른바 이진수(0 혹은 1)가 불규칙적으로 배열된 결과를 얻게 됩니다. 이러한 수열은 검은 구슬과 흰 구슬이 같은 수만큼 들어간 주머니에서 구슬을 꺼내는 방법으로도 얻을 수 있습니다. 제가 인도통계연구원에서 1학년들을 가르칠 때, 학생들을 켈커타에 있는 연구원 근처의 본-훌리 Bon-Hooghly 병원에 보내 일련의 남녀 아기들의 출생을 기록하도록 하였습니다. 사내아이의 경우 1을 여자아이의 경우 0을 기재함으로써, 동전을 계속하여 던지거나 구슬을 반복하여 끄집어내는 경우에 얻어지는 것과 같은 일련의 이진수를 얻을 수 있었습니다. 하나는 생물학적 현상으로부터 얻어진 자연스런 수열이며, 다른 것은 인위적으로 생산된 것입니다.

<표1.1>은 흰 구슬(W)과 검은 구슬(B)이 같은 수만큼 들어간 주머니에서 복원하면서 1,000개의 구슬을 꺼냈을 때 색깔의 배열을 나타낸 것입니다. <표1.2>는 병원에서 출생한 1,000명의 어린아이의 성(남성은 M, 여성은 F)을 순서대로 배열한 것입니다. <표1.1>과 <표1.2>를 도수분포의 형태로 요약할 수 있습니다. <표1.3>은 연속적으로 태어난 5명의 아이를 1조로 하여 이 가운데 남아의 수(0~5)에 대한 도수와, 연속적으로 추출된 5개의 구슬을 1조로 하여 이 가운데 흰 공의 수(0~5)에 대한 도수를 함께 나타낸 표입니다.

기대도수란 이론적인 값으로서, 200회의 실험을 무수히 많이 반복했을 때 평균적으로 얻어지는 값을 말합니다. 도수는 히스토그램의 형태로 표현할 수 있습니다.

이 두 종류의 히스토그램이 비슷하다는 것은 아이들의 성을 결정하는 확률 메커니즘이 같은 수의 두 종류(검은 색과 흰 색) 구슬이 들어있는 바구니에서 흰 구슬이나 검은 구슬을 꺼내는 메커니즘, 또는 동전을 던져서 앞면과 뒷면을 결정하는 메커니즘과 유사하다는 점을 시사하고 있습니다. 위에서와 같은 간단한 실습이 성性결정의 이론을 형성하는데 있어 기초를 제공할 수 있다는 것입니다. 신은 동전을 던지고 있는 것입니다! 사실 통계적 검정결과는 남녀 출생표에서 얻어진 이진수가 인위적으로 얻어진 이진수보다도 더욱 신뢰할 수 있는 무작위 수열이라는 것을 보여주었습니다. 아마도 신은 보다 완벽한 동전을 던지고 있는가 봅니다. 인도에서는 일초에 1명 꼴로 아이가 출생하는데, 이는 이진 난수열을 만들기 위한 값싸고도 신속한 자료가 됩니다.

표1.1 같은 수의 흰 구슬과 검은 구슬이 들어있는 주머니에서 복원하면서 연속적으로 꺼낸 구슬의 색깔에 관한 자료

B W W B W	B W W B B	B B B W B	B B W B B	W W W B B
B W B B B	B B W W B	W B W W W	B B W W W	W W W W B
W W B W B	W B B W B	W W W B B	B B B W W	B W B W W
B W W W W	B B B B B	W W B W W	B W W B B	W B B B W
W B W B W	B W B B W	B B B B W	B B B B B	B B W B W
W B W B B	W B W B B	W B W B W	B W B B B	W W B B B
B W W B B	B W W B B	B W B W W	B B W B B	W B W W W
B B B W W	W W W B B	W W W W W	W W W B B	B B W B B
B B B W W	B W W B B	B B W W W	W W B W B	B B B W W
W W B B W	W W B W B	B B W B W	B W W W W	W B W B W
B W B B B	W W W B W	B W B B B	W B B W W	W B W B B
W B W B W	W W B W B	W W B W W	B W W W B	B B B W B
W W W W B	B B W W B	W B W W W	B B B B W	W W B B W
B B B W B	B B B W W	W B W W W	W W B B W	W B B B W
W W W W W	B W W W B	W W W W B	B B B W B	W W W B B
W W W B W	W W W B B	B B B B W	B B W B W	B B B B B
B B B W B	B W W W B	B W W B B	B B B W B	B B B B B
W W B W B	W B W W W	B B B B W	B B W B B	W W W B B
B W B W B	B B W B B	B B B B B	B B W W W	W W W W B
B W B W B	W W B B B	B B W W B	B W B W B	W W B B B
B W B W B	B W B B B	B B B W B	B B B W B	W W B B B
W W W B W	W B B B B	W W W W B	B B B W W	B B B B B
W B B W W	B B B W B	B B W B B	W W B B W	B W B B W
B B B W W	B W B B B	W W B W B	B B B B B	B B B W W
B W B W B	W W W W B	W W W B B	W W B B B	B B B B B
B B B W B	W W B B B	W W W B B	W W W B B	B B B B W
W B W B B	B B B W W	W B B B W	W B W B W	B B B B B
W B W W W	B B B B W	W B B B W	B W W W W	W B B W B
W B W B B	W B B W W	W W W W W	W B B W B	B B W W B
W B B W W	B B B B B	B W W B B	B W W W B	W B B B W
W W B B W	W W B B B	W W W B B	B B B B W	W W B B W
W W B B W	W B B B W	W B B W W	B W B W W	W B B W W
B W W B B	W B B B B	W W W W B	W W W W W	W B B W W
B W B W B	B W B B W	W B B B W	B W W W W	W B B B W
B B W W W	W B W B W	W W W B B	B W B B B	W W B W W
W W W B W	B B W B B	W W B B W	B B B W W	W W W W W

두 자료에 대한 히스토그램

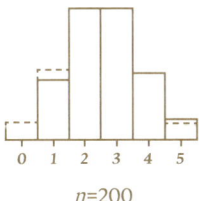

n=200

어느 것이 어떤 자료의 히스토그램인가?

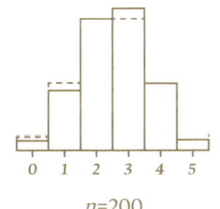

n=200

표1.2 캘커타의 본-홀리 병원에서 출생한 일련의 남녀 어린이들 배열

January
```
F M M F F     M M M M F     M F M F M     M M F F M     F F M F F
F M F M M     M M M M F     M M M M F     F F F M M     M F M M F
M M M M M     M M F M F     M M F F F     F F F M M     F F F M F
F M F M M     M F M M M     F F M M F     M F F M M     F M F M M
F F M F M     M F M F F     F M M F F     M F M F F     F M M M F
F F M F M     F M M M M     F M M F F     M F M F F     M F M M F
F F F F F     F F F M M     F M M M F     M M M M F     F M F F F
F M F M M     M M F M F     F M F F F     M M M M M
```

February
```
                                                        F F M F F
F F M M M     F F F F M     F F F M F     F M F F M     F F M F F
M M M F M     M F M F M     F F M F M     M F M F M     M M F M M
F M M F F     F M M M F     F F F F M     M M F F F     M M F M M
M F M F M     F M M M M     F F M M F     F M M F M     F M M F M
F F
```

March
```
        M F F     F M M M M     M M M F M     F F F F F     M M M F M
M F M F F     M F M F F     F M M F M     F M F F M     F M M F M
M F F F F     F M M F M     F M M F F     M M M M M     M M F F M
M M F F M     M M M F M     F F M F M
```

April
```
                                            F M F F M     F F M M M
F F M F M     M F F F M     F M M F F     M F F F M     M F F M F
M M F M M     M M M F M     F F M M M     M M M F F     F M F M M
F M F F M     M F M F F     M M F M F     M F M M M     F F F M M
F F F F M     F M M M F     F M F F F     M M M F F     M M M M F
F F M F F     F M M M F     F M F F M     M F M M M     M M F M F
M F M M F     F F M M F     F M F F M     F F M M M     F M M F F
```

July
```
F M M M M     F M M M M     F F M F F     F F F M F     F M F M M
F F F M M     M F M F F     F M F M M     F M F M M     M M M M M
M F M F F     M M M M F     F M F M M     M F M F F     F M F M F
M F M M F     F F M M M     M M M F M     M M F F M     M M M F F
F M F F M     M F M F F     F F F F F     M M M M F     F F F M M
F F M M M     M M M M F     M M M M F     F M M F F     F F F M M
F
```

October
```
        M M M F     F F F M F     F M M F M     M F M M F     M M M M M
M F M F M     F F F F M     F M F F F     F M F M M     M F F F M
M F M M F     M M F F F     F F M F F     F M M M M     M F M M F
F M M F F     M F M M F     F M M F F     M F F F M     M F F M F
F M M F F     M M F M M     M M M M F     F M F M M     M F M F M
F F M M F     F F F M F     F F M F F     F F M F M     F F M F F
M M F M M     F M M M F     M F F M F     M M M F F     F F F F F
M F M F F     M M F M F     F F F M M     M M F M F     F F F F F
M F F F M     M F F F M     F F F M M     F F F M M     M F M M M
M F F F M     M F M M F     F F M F M     M M M F M     M F M M M
M F M M F     F M M M F     F F M M F     F F F F F     F F F M F
M M F M M     M F M F F
```

이 자료는 1956년 1월~10월에 출생한 어린아이들의 자료로서 1학년생 바수Srilekha Basu가 조사하였다.

표1.3 도수분포

수	도수		기대도수
	남자어린이	흰 구슬	
0	5	4	6.25
1	27	34	31.25
2	64	65	62.5
3	65	70	62.5
4	30	22	31.25
5	9	5	6.25
합	200	200	200.00
카이제곱	2.22	5.04	-

실제로 컴퓨터 이외에 이극관Reverse-biased diode과 같은 자연적인 고안장치들이 난수를 만들기 위하여 사용되는데, 이는 원자수준에서 일정한 이벤트들의 무작위성을 가정하는 양자역학의 이론에 기반을 두고 있습니다. 이 이론 자체가 이렇게 관측된 숫자들을 인위적으로 고안된 장치로 얻어진 수열과 비교함으로써 증명될 수 있다는 사실에 주목하십시오. 그러나 수학자들은 많은 기준들을 만족하는 적절한 난수열을 만들기 위해서는 무작위 절차가 아닌 적절한 결정론적 절차를 취해야 한다고 믿고 있습니다!(이 주제에 관한 훌륭한 토론이 헐과 도벨Hull and Dobell(1962)의 논문에 있습니다.) 이렇게 만들어진 숫자들은 유사 난수Pseudo-random라고 부르는데, 실제 응용분야에서 널리 이용되고 있습니다.

우리는 이미 인위적으로 생성된 일련의 난수들이 자연적으로 생성되는 일련의 난수들과 유사한 확률 메커니즘을 가지고 있다는 사실을 살펴보았으며, 아울러 남녀 출생과 같은 자연적 사건들의 발생을 설명하고 있다는 사실도 살펴보았습니다. 우리를 당황케 하는 어려운 문제들이나 정확한 해답을 구하기에는 너무도 복잡한 문제들을 풀기 위하여, 새로운 정보를 만들어 내기 위하여, 또는 새로운 아이디어를 얻기 위하여 여러 가지 방법으로 무작위를 이용할 수 있습니다. 이중 몇 가지를 간략히 기술하고자 합니다.

2.2 몬테카를로 기법

영국의 수학자이며 통계이론과 방법론에 관한 초기 공헌자들 중의 한 명인 칼 피어슨Karl Pearson은 확률과 통계에서 정확한 해답을 얻기에는 너무도 복잡한 문제들을 풀기 위하여 난수들의 사용을 생각한 최초의 사람이었습니다. 만약 당신이 p개 변수들, $x_1, x_2, \cdots, x_p$의 결합분포를 알고 있다면, 주어진 함수 $f(x_1, \cdots, x_p)$의 분포를 어떻게 알 수 있겠습니까? 이 문제는 불완전 다중적분을 이용하여 풀 수 있지만 계산하기가 무척 어렵습니다. 피어슨은 난수들이 적어도 이러한 문제들의 근사값을 구하는데 유용하다는 사실을 발견하고, 그러한 분야의 연구가들에게 도움을 주기 위하여 티펫으로 하여금 난수표를 준비하도록 격려하였습니다. 피어슨은 다음과 같이 말하였습니다.

몬테카를로Monte Carlo의 게임장에서 한 달간 룰렛게임을 기록해보면 이러한 문제에 관해 토론할 수 있는 기초자료가 만들어집니다.

시뮬레이션 혹은 몬테카를로 기법이라고 부르는 이 방법은 이제 통계학과 모든 과학분야에서 복잡한 수식문제를 푸는 표준도구가 되었습니다. 여러분들은 단지 난수를 만들어서 간단한 계산만 하면 됩니다.

시뮬레이션의 기본원리는 간단합니다. 주어진 정사각형 안에 복잡하게 그려진 도형의 면적과 이 정사각형 면적의 비율을 구한다고 가정합시다(<그림1.1> 참조). 이 도형은 복잡하여 그 면적을 쉽게 측정할 수가 없습니다. 이제 정사각형에서 두 개의 교차하는 변을 각각 x축과 y축으로 지정합시다. 그 다음 실수 구간(0,b)의 범위 내에 있는(여기서 b는 정사각형의 한 변의 길이보다 큰 값으로 택함) 난수 두 개(x와 y)를 선택하여 좌표점(x, y)를 만든 후 이를 정사각형 위의 좌표축에 표시합니다. 이러한 과정을 여러 번 되풀이했을 때, 일정단계에서 도형 안에 놓인 점의 수를 a_m, 정사각형 안에 놓인 전체 점의 수를 m이라고 합시다. 이제 러시아의 유명한 확률학자 콜모고로프A.N.Kolomogorov가 발견한 대수의 법칙Law of large numbers을 소개하고자 합니다. 이 법칙에 의하면 좌표점(x, y)가 진실로 무작위하다면 m이 증가함에 따라 비율 a_m/m은 도형과 정사각형의 실제면적비율에 가까워진다는 것입니다. 결국 이 방법의 성공여부(또는 정밀도)는 난수발생기가 얼마나 신뢰성이 있느냐, 그리고 얼마나 많은 난수를 만들어낼 수 있느냐에 달려 있습니다.

칼 피어슨의 주도하에 몇몇 그의 제자들이 복잡한 표본통계량들의 분포를 찾는데 이 방법을 사용하였습니다. 그러나 그 작업은 인도의 인도통계연구원Indian Statistical Institute을 제외하고는 별로 관심을 끌지 못하였습니다. 그 당시 인도통계연구원에서는 마할라노비스P.C.Mahalanobis 교수가 몬테카를로 기법에 대해 연구하고 있었습니다. 그는 이 기법을 무작위 표본추출실험이라고 불렀으며, 여론조사시 최적의 표본추출법을 선택한다든지, 또는 실험시 경작면의 최적크기와 모양을 선택하는 것과 같은 다양한 문제들을 해결하기 위하여 이 기법을 사용하고 있었습니다. 몬테카를로 기법의 잠재력에 관한 인식이 늦어진 이유는 아마도 진실되고 필요한 양의 난수들을 생성할 수 있는 고안장치들이 없었기 때문일 것입니다. 그런데 이 두 가지 사항은 결과의 정확도에 상당한 영향을 미칩니다. 또한 난수들을 생성하는 일정한 표준장치가 없

그림1.1 복잡한 도형의 면적 구하는 방법(몬테카를로 또는 시뮬레이션 방법)

$$\frac{\text{도형의 면적}}{\text{사각형의 면적}} = \frac{\text{도형내점의 수}}{\text{사각형 내 전체 무작위점의 수}} = \frac{a_m}{m}$$

대수의 법칙에 의해, $n \to \infty$에 따라, $\frac{a_m}{m} \to$ 실제 면적비율

었던 관계로 저널의 편집자들은 시뮬레이션 결과를 담은 논문들을 출판하기 꺼려했습니다. 이제는 신뢰할 수 있는 난수발생기들이 만들어지고 그것들에 쉽게 접근할 수 있기 때문에 상황은 완전히 바뀌었습니다. 이제 우리는 복잡한 문제들에 접근할 수 있게 되었으며 적어도 실제적으로 이용할 수 있는 근사값들을 구해낼 수 있게 되었습니다. 저널의 편집자들은 기고하는 모든 논문들에 시뮬레이션 결과를 첨부해야 한다고 주장하고 있습니다. 심지어는 정확한 해답이 주어지는 경우에 있어서도 말입니다! 다른 분야에서도 마찬가지겠지만, 통계학에 있어서 연구의 전반적인 특징은 "대량계산 의존기법Number crunching methods"을 강조하는 쪽으로 점점 변화하고 있습니다. 그 중에 잘 알려진 예가 에프론Efron에 의하여 주창되고 지금은 매우 유행하고 있는 "붓스트랩 방법Bootstrap method"입니다. 여러분은 난수들을 적절히 이용할 수 있습니다.

2.3 표본조사

아마도 난수들의 가장 중요한 용도는 표본조사나 실험작업을 할 때 자료를 만드는 데 있을 것입니다. 수많은 개인들로 구성된 커다란 모집단에서 평균소득을 알고자 한다고 가정합시다. 각 개인들로부터 정보를 얻어 자료를 처리하거나 완벽한 계수를 하는 것은 시간과 금전적인 면에 있어서 큰 낭비일 뿐 아니라 정확한 자료를 얻기 위한 조직 구성상에도 어려움이 있기 때문에 적절한 방법이 되지 못합니다. 반면 표본을 추출하여 소규모의 개인집단에 관한 자료를 수집할 경우 신속하게 결과를 얻을 수 있을 뿐만 아니라 일정한 조건하에서는 자료의 정확도도 보증할 수 있습니다. 그러면 평균소득에 관한 정당하고도 정확한 추정치를 얻기 위하여 어떻게 표본을 추출해야 할까요? 한가지 방법은 난수들을 이용한 간단한 추첨방법입니다. 즉, 각 개인들에게 $1,2,\cdots,N$의 숫자를 부여한 후, 1과 N사이의 난수 중 일정한 개수를 추출한 다음, 이 난수들에 해당되는 개인들을 선택하는 것입니다. 이 방법은 단순 무작위 표본추출이라 불립니다. 통계이론에 의하면 표본의 크기가 증가할수록 확률표본에 속한 개인들의 평균소득은 참값에 근접한다는 것입니다. 실제로 표본크기는 원하는 정밀도에 따라 결정될 수 있습니다.

2.4 실험설계

무작위Randomization는 과학적 실험에서 중요한 요소입니다. 즉, 어떤 질병을 치료하기 위하여 A약품과 B약품 중 어떤 것이 더 좋은가를 실험하는 경우나, 주어진 여러 가지 볍씨 중 어떤 종류가 수확량이 더 많은가를 결정하는 실험 같은 경우 무작위는 중요한 역할을 합니다. 이러한 실험들의 목적은 처리들의 정당한 비교를 가능케 하는 자료들을 생성하는 데 있습니다.

실험설계 분야의 개척자인 통계학자 피셔R.A.Fisher는 의약실험에서 약품A와 약품B에 무작위로 개인들을 할당하고 실험용 경작지에 여러 종류의 볍씨들을 무작위로 할당하여 재배함으로써, 처리들 사이의 비교를 위한 정당한 자료를 얻을 수 있다는 것을 보였습니다.

2.5 메시지의 암호화

많은 양의 난수들은 암호작성술이나 송수신되는 메시지의 비밀코드에 사용될 뿐만 아니라 개인의 은행거래 비밀을 유지하기 위하여도 이용됩니다. 비밀이 극도로 요구되는 중요한 외교 및 군사통신은 암호화되는데, 만약 이 암호가 불법으로 도청될 경우 도청당사자는 단지 무작위로 나열해 놓은 숫자들만을 얻게 됩니다. 그 방법은 다음과 같습니다. 우선 송신자와 수신자만이 알고 있는 기준기호열이라 불리는 일련의 무작위 이진수들을 만들어냅니다. 송신자는 그의 메시지를 각 문자별로 표준 8비트 컴퓨터 코드로 전환함으로써 일련의 2진수로 바꿉니다(예를 들면 문자 a는 0110 0001 처럼). 그 다음 기준기호열 밑에 이 메시지기호열을 놓습니다. 기준기호열이 1인 곳의 메시지기호열은 숫자를 바꾸고, 기준기호열이 0인 곳의 메시지기호열은 그대로 둠으로써 코드기호열을 만듭니다. 최종적으로 무작위로 나열한 것처럼 보이는 일련의 이진수 코드기호열을 보내면 수신자는 이미 알고 있는 기준기호열을 이용하여 같은 방법으로 변환시킴으로써 메시지를 해독할 수 있습니다. 그 변환과정은 다음과 같습니다.

기준기호열	0100011	무작위 숫자
메시지기호열	1011000	송신자의 메시지
암호화된 메시지	1111011	전송된 메시지
기준기호열	0100011	처음의 무작위 숫자
해독된 메시지	1011000	수신자의 메시지

은행들은 자동인출기를 통해 이루어지는 거래들의 비밀을 보장하기 위하여 난수들을 이용한 비밀코드를 사용합니다. 이러한 목적을 위하여 난수로 기준기호열을 만드는데, 일정법칙에 따라 메시지는 코드로 바뀌고 이것은 오직 기준기호열로 해독할 수 있는 것입니다. 결국 기준기호열이 중앙컴퓨터와 자동인출기 사이에 동시에 주어짐으로써, 이 두 장치들은 도청의 두려움 없이 자유로이 통신할 수 있는 것입니다. 중앙컴퓨터는 자동인출기로부터 고객번호와 고객이 원하는 인출금에 관한 메시지를 전달받은 후, 고객의 계좌를 확인하고 지불여부를 자동인출기에 통보하는 것입니다.

2.6 모형구축 도구로서의 난수

통계적 문제들을 해결하기 위하여 초기에 난수들을 응용함으로써 모형구축 및 예측작업에서 난수들이 사용될 수 있는 기반이 마련되었습니다. 이러한 모형들이 개발된 분야는 일기예보, 소비재의 수요, 그리고 주택, 학교, 병원, 운수장비 등 서비스분야의 사회적 수요 등입니다. 맨델브롯Mandelbrot(1982)은 한 나라의 불규칙적 해안선이나 또는 사물의 형상과 같은 복잡하고 정교한 곡선들의 모형을 만들기 위하여 난수들을 성공적으로 사용하였습니다.

2.7 복잡한 문제들을 풀 경우

난수발생기들에 관한 수많은 수요를 있게 한 또 다른 난수의 이용은 순회 판매원의 문제와 같은 복잡한 문제를 해결하는 것입니다. 즉, 방문해야 할 수많은 장소가 있을 때, 주어진 장소에서 출발하여 같은 장소로 되돌아 올 경우에 최단거리를 결정하는 문제입니다.

또 다른 흥미로운 예는 체스게임의 프로그램을 작성하는 것입니다. 비록 체스는 완벽한 정보를 요구하는 게임이지만, 인공지능 프로그램들은 게임이 매우 복잡해지는 것을 피하기 위하여 때때로 우연성에 의한 움직임을 기억장치에 짜 넣습니다. 이처럼 난수와 우연성의 개념은 그 이용범위가 끝이 없는 것 같습니다.

2.8 난수열에 관한 오류

힌두교의 신에 관한 개념과 같이, 난수들은 아무런 패턴이 없음에도 불구하고 그 속에는 모든 패턴을 다 지니고 있다는 것입니다. 다시 말하면, 만약 우리가 엄격하게 난수들을 계속 만들어내면 언젠가는 어떤 일정한 패턴을 접하게 된다는 것입니다. 그러므로 만약 우리가 계속하여 동전을 던질 경우 어떤 단계에 가서는 동전의 앞면이 계속하여 1,000번이 나올 수도 있다는 것입니다. 그러므로 우리는 원숭이로 하여금 계속하여 타자를 치도록 할 경우 비록 긴 시간 이후의 일이겠지만 그 원숭이는 언젠가는 완벽한 셰익스피어 작품들을 쳐낼 수 있는 것입니다.(27,000개의 문자와 스페이스로 구성된 "햄릿"을 쳐낼 수 있는 확률은 $1/10^{41600}$이 됩니다. 이 수치는 이러한 진귀한 현상을 목격하려면 우리가 얼마나 기다려야 하는가를 보여주고 있습니다.)

패턴이 있는 것 같으면서도 패턴이 없는 이러한 난수열의 특성은 철학자들의 수준에서조차 오해를 불러 일으켰습니다. 폴리아Polya에 의하여 예시된 일명 "도박사의 오류"라고 불리는 의사에 관한 이야기는 다음과 같습니다. 의사는 그의 환자를 안심시키기 위하여 다음과 같이 말했습니다.

당신은 지금 중병에 걸렸습니다. 이 병에 걸린 10명의 사람 중 오직 한 명만이 살 수 있습니다. 그러나 아무 걱정하지 마십시오. 당신이 나를 찾아온 것은 천만다행입니다. 왜냐하면 최근 나는 이러한 병을 지닌 환자를 9명이나 접했는데 그들은 모두 죽었기 때문입니다.

이러한 견해는 독일의 철학자 마르베Karl Marbe(1916)에 의하여 심각하게 제시되었는데 그는 바바리아Bavaria의 4개 마을에서 구한 200,000명의 신생아 출생표를 토대로 다음과 같은 결론을 내렸습니다. 즉, 최근 며칠 사이 상대적으로 많은 수의 여자아이들이 태어났다면 현재 출산을 앞둔 부부는 남자아이를 가질 가능성이 높다는 것입니다.

마르베의 통계적 안정이론과 쌍벽을 이루는 또 다른 이론은 철학자 스테징어O.Sterzinger(1911)에 의하여 제시된 "축적 이론"입니다. 이 이론은 생물학자인 카메러Paul Kammerer(1919)가 제안한, 단기간에 발생하는 같은 사건들의 경향에 대해 다룬 "시리즈 법칙"에 기초를 제공하였습니다. 속담에 "시련은 홀로 오지 않는다"라는 말이 있는데 사람들은 이 말을 진지하게 받아들이고 모든 종류의 사건에 적용시킵니다. 날리카J.Narlikar(1982) 교수는 제16회 인도통계연구원 총회연설에서 이와 같은 오류로부터 발생하는 것으로서 호일 Fred Hoyle과 라일Matin Ryle 사이의 논쟁에 대하여 언급하였습니다. 날리카 교수는 그의 몬테카를로 실험결과 안정적이며 동질적인 체제도 일정빈도로 부분적인 이질성을 보일 수 있으며, 이러한 관점에서 라일이 전파밀도에서 발견한 이질성은 호일이 주장한 우주의 안정현상이론에 위배되지 않는다고 말하였습니다.

또 다른 예를 살펴보겠습니다. 대부분의 경우 동물들의 모집단 크기는 대략 3년 주기를 나타냅니다. 즉, 동물의 모집단 크기가 정점에 이르는 두 시점 사이의 간격이 대략 3년입니다.(여기서 정점이란 바로 뒤의 연도 또는 바로 다음 연도보다도 동물의 모집단 크기가 많은 연도를 말합니다.) 이러한 현상은 일단의 사람들로 하여금 발견되지 않은 또 다른 자연의 법칙이 있다고 믿게 만들었습니다. 그러나 만약 우리가 난수들을 일정하게 기입해 간다면 정점 사이의 평균 간격은 기입되는 난수들이 증가됨에 따라 점점 3에 근접해 간다는 사실이 밝혀짐으로써 새로운 자연의 법칙에 대한 기대는 허물어졌습니다. 사실 이러한 경향은 3개의 난수 중 중간숫자가 나머지 숫자들보다도 더 클 확률이 1/3이라는 사실을 이용함으로써 쉽게 증명할 수 있습니다. 즉, 이것은 정점들 사이의 기간이 평균 3년이라는 사실을 암시하는 것입니다.

2.9 민감한 질문의 처리방법

무작위에 관한 또 다른 흥미로운 응용분야는 민감한 질문들에 대하여 응답을 유도하는 것입니다. 만약 우리가 "당신은 마리화나를 피웁니까?"라고 묻는다면 정확한 답을 얻기가 힘들 것입니다. 그러나 이와는 달리 우리는 2개의 질문을 나열할 수 있습니다.(그중 하나는 민감하지 않은 질문입니다.)

S : 당신은 마리화나를 피웁니까?
T : 당신의 전화번호 마지막 숫자는 짝수입니까?

그리고 응답자에게 동전을 던진 후 만약 앞면이 나오면 S의 질문에 대하여 올바르게 답변하고, 뒷면이 나오면 T의 질문에 올바르게 답변하라고 요구합니다. 질문자는 응답자가 어떤 질문에 응답하는지 알지 못하므로 정보의 비밀은 유지될 것입니다. 이러한 응답으로부터 개인의 마리화나 흡입비율을 아래와 같이 추정할 수 있습니다.

π = 미지의 마리화나 흡입비율로, 추정해야 할 모수
λ = 알고 있는 값으로, 마지막 숫자가 짝수로 끝나는 전화번호의 비율
ρ = "예"로 응답한 관측비율
그러면, 등식 $\pi+\lambda=2\rho$가 성립하므로, π에 관한 추정치는 $\hat{\pi}=2\rho-\lambda$가 된다.

3. 결정론으로부터 무질서 속의 질서로

이제 무작위의 개념을 통해 해결되고 있는 좀더 근본적인 문제들에 관하여 언급하고자 합니다. 이것들은 우주에 관한 모형설정과 자연법칙들의 형성에 관계되는 것들입니다.

오랫동안 모든 자연현상들은 명확하게 결정론적 성격을 지니고 있다고 믿어왔는데, 가장 대표적 경우를 라플라스Laplace(1812)의 "수학적 악마Mathematical demon"라는 사유에서 찾을 수 있습니다. 이것은 수학적 영역에 대한 끝없는 능력에 대하여 이야기하는 것으로, 만약 어떤 시점에서 현재의 상태를 일정한 크기로 특정할 수 있다면, 결론적으로 앞으로 전개될 모든 미래의 사건들을 예측할 수 있다는 것을 뜻하는 것입니다. 제가 이미 언급한 바 있는 이 결정론은 태고적부터 연유하는 인류사유에 뿌리를 두고 있습니다. 이것은 개념적으로 두 가지 의미를 지닙니다. 넓은 의미로, 이것은 외부세계를 인식하고 서술하기 위한 도구로서 형식논리학의 힘과 전능에 대한 무조건적인 믿음을 의미합니다. 한편 좁은 의미로 볼 때, 이것은 세상의 모든 현상이나 사건들은 인과율에 의하여 설명된다는 신념을 의미합니다. 더욱이 이것은, 적어도 원론적으로 볼 때, 세상의 현상들을 추론할 수 있는 법칙들을 발견할 수 있다는 확신을 암시하고 있습니다. 그러나 19세기 중반쯤 결정론적 자연법칙의 탐구가 더이상 논리적으로나 실제적으로 어렵다는 것을 인식하게 되었으며, 그 결과 우연성 메커니즘Chance mechanism에 기반을 둔 모형들을 대체방안으로 찾기 시작한 것입니다.

라플라스의 수학적 악마라는 사유에는 또 다른 면이 있는데, 이것은 시스템의 초기조건과 관련이 있습니다. 측정오차로 인해 초기조건을 정확히(즉, 오차 없이) 알기 힘들다는 것은 잘 알려진 사실입니다. 이러한 경우, 초기조건의 약간의 차이가 시스템의 미래상태에 대해 상당히 다른 예측을 가져다 줄 수 있다는 사실입니다. 대표적인 예로는 1961년 로렌츠의 일기패턴에 관한 것으로, 이 일기패턴은 거의 같은 시점에서 출발하여 시간별로 작성되었습니다. <그림 1.2>는 글라익James Gleick의 혼돈Chaos에 관한 저서에서 발췌한 것입니다. 이 그림에서 알 수 있듯이 똑같은 법칙 하에서, 측정치 .506217과 이를 반올

림한 값 .506의 두 가지 초기조건으로 출발했을 때, 일기패턴이 점점 더 벌어져서 완전히 다른 모습을 한다는 것입니다. 이처럼 초기조건에 민감하게 의존하는 현상을 나비효과Butterfly effect라고 합니다. 즉, 오늘 베이징의 공기를 휩쓸어 놓은 나비 한 마리의 날갯짓이 다음달에는 워싱턴에 폭풍을 일으킬 수 있다는 것입니다.

그림 1.2 두 가지 일기패턴이 거의 같은 시점에 출발하여 어떻게 달라지는지를 보여주는 로렌츠의 그래프

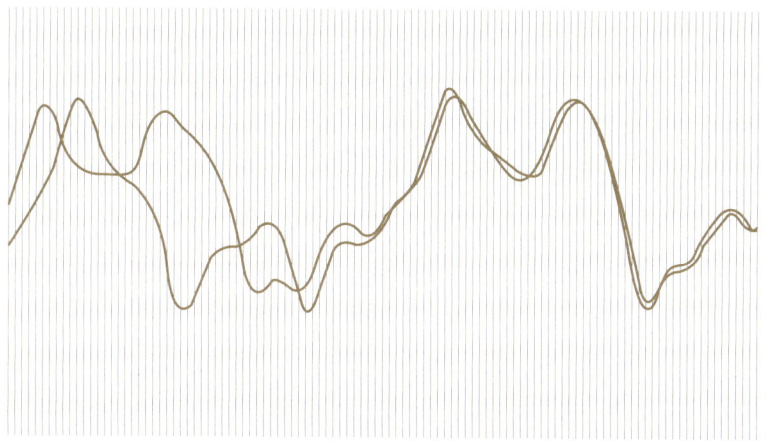

거의 같은 시기에 서로 다른 세 개의 연구분야에서 세 가지의 중요한 발전이 있었습니다. 이것들은 모두 우연성이 자연 속에 내재한다는 전제에 기초한 것들입니다. 쿼틀레Adolph Quetlet(1869)는 사회 및 생물학적 현상들을 기술하기 위하여 확률개념을 사용하였습니다. 멘델Gregor Mendel(1870)은 주사위를 굴리는 것과 같은 간단한 우연성 메커니즘을 통해 그의 유전법칙을 완성시켰습니다. 볼츠만Boltzman(1866)은 이론 물리학의 가장 중요한 이론중 하나인 열역학 제2법칙에 통계적 해석을 부여하였습니다. 이렇게 위대한 사람들에 의하여 제시된 아이디어들은 과연 혁명적인 것들이었습니다. 비록 그것들이 곧바로 받아들여진 것은 아니었지만, 지난 세기동안 통계적 개념을 이용한 모든 분야는 빠른 진보를 하였습니다.

물리학에서는 천문학분야에서 발생하는 측정치들의 오차를 처리하기 위하여 통계적 사고가 도입되었습니다. 동일한 조건에서 반복적으로 측정한 관측치들

이 매번 다르다는 사실을 갈릴레오[1] Galileo(1564-1642)는 알게되었습니다. 그는 다음과 같이 강조했습니다.

측정하고, 측정하라. 차이를 발견하고

또 그 차이의 차이를 발견하기 위하여 또 다시 측정하라.

약 200년이 지난 후, 가우스Gauss(1777-1855)는 측정치에 존재하는 오차에 관한 우연성을 연구하였으며, 미지의 값을 추정하기 위하여 관측치들을 적절히 결합하는 방법을 제시했습니다.

그 후, 초기조건에서의 불확실성이나 통제할 수 없는 수많은 외부 요인들의 효과를 조정하기 위하여 통계적 사고가 이용되었지만, 물리학의 기본법칙은 여전히 결정론을 가정하고 있었습니다.

중요한 근본적인 변화는 기본적인 법칙들이 확률적으로 표현됨으로써 이루어졌는데, 특히 미시적 수준에서 일어나는 기본입자들의 행태를 확률적으로 표현함으로써 이루어졌습니다. 무작위적 행태는 "많은 사물의 통상적인 기능에 내재되어 있는 필요 불가결한 부분"으로 인식되었습니다. 주어진 시스템들의 행태를 설명하기 위하여 통계적 모형들이 만들어졌습니다. 이러한 예로는 방사능에 의하여 발생하는 불꽃을 설명한 브라운 운동이나, 하이젠베르그Heisenberg의 불확실성 원리, 맥스웰Maxwell의 같은 질량을 가진 분자들의 속도분배이론 등이 있는데, 이것들은 모두 오늘날의 양자역학을 가능케 한 결과들입니다. 이러한 사고의 변화는 유명한 물리학자인 본Max Born에 의하여 다음과 같이 간명하게 표현되었습니다.

---

[1] 갈릴레오라는 이름으로 알려진 갈릴레오 갈릴레이Galileo Galilei는 이탈리아의 천문학자이자 수학자, 물리학자로서 현대 실험과학의 창시자로 불리고 있습니다. 그가 발견한 것에는 진자pendulum의 법칙, 달의 분화구, 태양의 흑점, 목성의 4개 위성, 망원경 등이 있습니다. 이러한 발견을 통하여 갈릴레오는, 지구가 자전하면서 태양주위를 운행한다는 코페르니쿠스Nicholaus Copernicus의 지동설이 사실임을 확신하게 되었습니다. 그러나 이것은 교회의 가르침과는 반대되는 것이어서 갈릴레오는 종교재판소로부터 그의 견해를 철회하도록 강요 받았습니다. 흥미롭게도, 몇 년 전에 현재의 교황은 그가 임명한 한 위원회에서 제출된 보고서에 근거하여 갈릴레오에게 부과됐던 죄과를 용서하였습니다.

우리는 고전물리학을 증가해 가는 양적 관측치들을 인과율-일상의 경험에서 비롯되었으나 형이상학적 이론의 수준에까지 이른-로 설명하려고 하는 선입견에 헛되이 사로잡혀 있었다는 것을 알게 되었습니다. 또한 고전물리학을 우연성으로 설명하고자 하는 시도에 대항하여 헛수고하는 논쟁을 하고 있었다는 것도 알게 되었습니다. 그러나 오늘날 그 입장은 바뀌었습니다. 우연성은 양적 법칙을 설명하는 최고의 개념 및 도구가 되었으며, 뿐만 아니라 그 모든 속성이 일상영역에 존재하는 인과율에 관한 많은 부분들이 통계적 대수의 법칙Law of large numbers에 의하여 만족스럽게 설명되고 있습니다.

또 다른 유명한 물리학자인 에딩톤A.S.Edington은 한 단계 더 나아가 다음과 같이 말했습니다.
최근의 몇몇 위대한 물리학적 예측들은 인과율에 의존하지 않은 일반적으로 인정된 통계적 법칙들에 의하여 이루어졌습니다. 더욱이 지금까지 인과율로 받아들여졌던 위대한 법칙들도 좀 더 자세히 조사해본 결과 통계적 특성들을 지니는 것처럼 보입니다.

결정론적 법칙을 대신하는 통계적 법칙들의 개념은 많은 과학자들로부터 환영을 받지 못하였는데, 특히 금세기 가장 뛰어난 과학자인 아인슈타인은 그의 생애 마지막까지 다음과 같은 말로 결정론을 옹호했다고 전해집니다.
그러나 저는 궁극적으로 누군가가 확률이 아닌 통상적으로 인정되는 사실에 의하여 설명되는 이론을 제시할 것으로 굳게 믿습니다. 이제까지 우리들이 당연하게 여긴 것처럼 말입니다. 다만 저의 이 확신은 논리적 판단에 근거한 것이 아니라 저의 사견私見일 뿐입니다. 다시 말해 저의 견해는 단지 생각일 뿐 세상으로부터 그 어떤 합의를 이끌어낼 만한 권위를 지닌 것이 못됩니다.

그러나 아인슈타인이 보즈S.N.Bose에 의하여 제시된 분자의 확률적 행동을 받아들인 것은 놀라운 일이었으며, 그것은 결국 보즈-아인슈타인 이론을 탄생시켰습니다.

비록 단일체 수준(개별 원자 또는 분자의 행동과 같은)에서는 불확실성이 존재하지만, 많은 단일체들을 합한 집단의 평균적 행태는 상당히 안정적이라는 것을 관찰할 수 있습니다. 즉 "무질서 속의 질서"가 있는 것처럼 보입니다. 확률이론에는 그러한 현상을 설명하는 "大數의 法則Law of large numbers"이라는 명제가 있습니다. 이 명제의 내용은 단일체의 숫자가 증가할수록 단일체들의 평균적 결과들에서 나타나는 불확실성은 점점 작아지며, 그 결과 한 시스템은 전체적으로 볼 때 거의 결정론적 현상을 보인다는 것입니다. "다수는 안전을 보장한다"라는 유명한 격언은 바로 이러한 강력한 이론적 근거를 가지고 있는 것입니다.

4. 무작위와 창조력

우리는 지금까지 무작위가 어떻게 자연 속에 내재하고 있으며, 자연법칙들이 어떻게 확률적 용어들로 표현되는지 보았습니다. 또한 표본조사 등을 이용하여 전체인구에 대한 정보를 추출해 낼 때 무작위개념을 어떻게 사용하는가에 대하여도 이야기하였습니다. 그밖에 순회판매원의 문제나 결정론적 절차가 있음에도 불구하고 너무 복잡하여 해결하기 힘든 문제들을 다룰 때 무작위가 어떻게 이용되는가 살펴보았습니다. 통신을 하는 동안 비밀을 유지하기 위하여 난수들이 사용되는 것도 살펴보았습니다. 무작위는 과연 새로운 아이디어를 만들어내는데 필요한 요소일까요? 창조력이란 무작위적 절차로 설명될 수 있는 것일까요?

창조력이란 무엇일까요? 이것은 여러 가지로 분류할 수 있습니다. 창조력은 최고의 수준에 이르면 현존하는 그 어떤 패러다임과도 질적으로 다를 뿐 아니라, 기존 패러다임에 적응시키거나 그것으로부터 연역조차 할 수 없는 새로운 아이디어나 이론의 탄생을 의미합니다. 이것은 현존하는 이론보다도 더 폭넓은 자연현상을 설명하는 것입니다. 또 다른 수준에서는 다른 종류의 창조력이 있는데 이것은 현존하는 패러다임의 구조 속에서 이루어진 발견으로 이것 또한 특정 분야에서는 아주 중요한 것입니다. 이러한 두 종류의 창조력이야말로 참으로 새로운 지식의 원천인 것입니다. 그러나 이 둘 사이에는 미묘한 차이점이 있습니다. 처음 경우는 미리 창조된 후 나중에 관측사실들에 의하여 확증이 되는 것이고, 나중의 경우는 현존하는 지식을 논리적으로 확장시키는 것입니다. 두 번째 종류의 창조과정에는 기교가 있을 수도 있지만, 첫 번째 종류의 창조는 우리들의 이해범위를 넘어서는 것입니다. 라마누잔이나 아인슈타인은 그들이 이루어놓은 업적을 어떻게 달성할 수 있었겠습니까? 그들은 창조력에 대해 신비롭게 설명하지만, 아마도 우리는 그 업적들의 실제적 과정을 결코 알 수 없을 것입니다. 그러나 몇 가지 방법으로 그것들을 특징지을 수는 있을 것입니다.

이제까지 이루어진 위대한 발견들은 논리적 연역이나 세밀한 관찰에 기초하여 이루어지지 않았습니다. 그럼 이제 창조력의 필요조건은 명확해졌습니다. 이것은 바로 우리의 정신을 상식이나 구습으로부터 자유로이 방임하는 것입니다. 아마도 발견을 유도했던 사고체계는 흐릿한 것으로 새로운 체계-가능성의 범위를 좁히기 위하여 과거 경험과 잠재적 사고를 조정시킬 수 있는-를 무작위적으로 찾기 위한 성공적 상호작용일 것입니다. 아서 코슬러Arthur Koestler는 창조작업을 다음과 같이 기술하였습니다.

발견이 이루어지는 결정적 단계에 이르면 잘 훈련되어진 사고체계는 마치 꿈속이나 공상 속을 헤매는 것처럼 정지됩니다. 말하자면 관념형성의 물줄기가 스스로의 감정적 중력에 의하여 통제되지 않은 채로 흘러가게 됩니다.

발견이 처음 발표되면, 다른 사람들에게는 이것이 마치 아무런 이유 없이 매우 주관적인 것처럼 보입니다. 바로 이것이 라마누잔이나 아인슈타인의 발견들에 대하여 세상사람들이 보였던 반응이었습니다. 아인슈타인의 이론이 새로운 패러다임으로 받아들여지기까지는 실험과 증명을 위하여 수년이 필요하였으며, 기묘한 형태의 라마누잔 수식들이 깊고도 중요한 이론적 기초를 가지고 있다는 사실을 발견하는 데에는 거의 반세기가 소요되었습니다. 무작위적 사고와 창조력에서의 무작위의 역할에 대하여 호프스태들러Hofstadler는 다음과 같이 언급하였습니다.

무작위가 창조예술에 필수요소라는 것은 상식입니다.

…무작위는 인간 사고의 내재적 특징이지, 주사위나 난수표들과 같은 것에 의하여 인위적으로 만들어지는 것이 아닙니다. 인간의 창조력이 이와 같은 임의의 자료들에 의존한다고 생각하는 것은 인간 창조력에 대한 모독입니다.

아마도 무작위적 사고는 창조력의 중요한 요소일 것입니다. 만약 무작위적 사고가 유일한 요소라면, 성급한 추론에 연유한 온갖 종류의 박약한 추론들이 제시될 것이고 논리적 사고방식은 그들과 보조를 맞추기 힘들 것입니다. 결국 무작위적 사고 이외에 마음의 준비라든가, 중요한 문제들을 인지할 수 있는 능력, 혹은 어떠한 아이디어가 좋은 결과를 이끌어낼 수 있는 것인지 재빨리 알아낼 수 있는 능력, 그리고 그 무엇보다도 어려운 문제들을 수행케 하는 자신감 등이 창조력을 구성하는 또 다른 요소로서 필요할 것입니다. 오늘날의 많은 과학적 연구활동들에는 특히 마지막에 언급한 자신감이 결여되어 있습니다. 아인슈타인은 다음과 같이 강조하였습니다.

저는 나무판자에서 구멍을 뚫기에 쉬운 가장 얇은 곳을 찾아 그곳에 수많은 구멍을 뚫는 과학자들을 보면 참기가 힘들어집니다.

저는 아인슈타인과 라마누잔을 금세기의 가장 위대한 창조적 사고자로 언급하였는데 그들의 창조적 사고과정에 대하여 좀 더 알아보는 것은 흥미가 있을 것입니다. 아인슈타인은 창조적 사고에 대한 질문을 받고 다음과 같이 답변하였습니다.

쓰고 말하는 단어들이나 언어는 저의 사고 메커니즘에서 아무런 역할을 하지 못하는 것 같습니다. 사고의 요소들로 보이는 물리적 실재물들은

"자발적으로" 재생산되고 결합될 수 있는 어떤 기호나 이미지들입니다.

… 다른 사람들과 대화할 수 있도록 단어나 기호들을 논리적으로 구성하는 것과 관련되기 전에, 이러한 결합작용은 생산적 사고의 중요한 특징인 것 같습니다.

아인슈타인은 과학의 중요한 분야인 물리학분야를 연구하고 있었습니다. 과학적 이론이란 그것이 현실세계에서 응용 가능할 때만이 그 정당성을 인정받게 됩니다. 그러나 이론은 초기단계에서는 연역적이나 귀납적 논리보다는 강한 신념에 의하여 주장됩니다. 이것은 신의 성실함에 대하여 언급한 아인슈타인의 격언에 반영되어 있습니다.

신은 모든 것에 통달하여 노련하시나, 심술궂지 않으시다.

라마누잔은 수학자였습니다. 유명한 수학자인 위너Wiener에 따르면 수학은 엄밀한 의미에서 예술이라고 합니다. 수학적 定理의 정당성은 그것의 정밀한 증명에 있습니다. 그러나 증명이란 하나의 법칙을 설명하기보다는 수학자들이 우리로 하여금 그렇게 믿도록 하는 것입니다. 라마누잔의 경우 그는 오로지 정리와 공식만을 제공할 뿐, 그것들에 대한 정당성은 그의 직관이나 신념에 의존하였습니다. 그는 매우 아름다운 형식의 예술작품으로 그의 수식들을 기록하였는데, 그에 따르면 이것들은 꿈속에서 신에 의하여 계시된 것들이라고 합니다. 수식이 신의 생각을 표현한 것이 아니라면 그에게 수식은 아무 의미가 없어집니다. 신과 아름다움과 진실은 똑같은 것으로 인식됩니다. 만약 라마누잔이 이것을 믿지 않았다면 우리는 아마도 우리가 알고있는 라마누잔을 만날 수 없었을 것입니다.

라마누잔은 그의 생애 마지막 해에 하나의 "노트"에 수많은 정리들을 기록했습니다. 몇 년 전에 발견된 이 "노트"에는 많은 수식들이 들어 있는데 그중 하나는 다음의 그림과 같습니다.

라마누잔의 <잃어버린 노트Lost Note Book>에 기록되어 있는 증명되지 않은 직관적 공식들

$$\frac{v}{1-v} + \frac{v^4}{(1-v)(1-v^4)(1-v^6)} + \frac{v^{12}}{\cdots} + \cdots$$

$$= 1 + \frac{v^2}{1-v} + \frac{v^8}{(1-v)(1-v^4)} + \frac{v^{18}}{(1-v)(1-v^4)(1-v^6)} + \cdots$$

$$+ v \cdot \frac{1 + v^5 + v^{15} + \cdots}{(1-v^4)(1-v^6)\cdots}$$

$$1 + \frac{v}{1+v} + \frac{v^4}{(1+v)(1+v^2)} + \cdots + 2\left\{\frac{v}{1-v} + \frac{v^{10}}{(1-v^2)\cdots} + \cdots\right\}$$

$$= 2 + \frac{1 - 2v^5 + 2v^{20} - \cdots}{(1-v)(1-v^4)(1-v^6)}$$

$$1 - v(1-v) + v^5(1-v)(1-v^3) - \cdots + \left\{\frac{v}{1-v} + \frac{v^5}{(1-v)\cdots} + \cdots\right\}$$

$$= 1 + \frac{v + v^2 + v^5 + v^7 + \cdots}{(1-v^2)(1-v^8)\cdots}$$

"잃어버린 노트Lost Note Book"를 세상에 최초로 소개한 앤드루스G.Andrews 교수는 위 식의 처음 세 줄에 있는 등식이 최근 펜실베니아 주립대학교의 힉커슨D.R.Hickerson 교수에 의하여 증명되었다고 저에게 알려 주었습니다.

*참고문헌

- Boltzmann, L.(1910). *Vorlusungen Uber Gastheorie,* 2 vols, Leipzig.
- Efron, B. and Tibshirani, R.J. (1993). *An Introduction to the Bootstrap,* Chapman & Hall.
- Gleick, James(1987). *Chaos,* Viking, New York, p.17
- Hull, T.E. and Dobell, A.R. (1962). Random number generators, *SIAM Rev.* 4, 230.
- Kammerer, P.(1919). Das Gasetz der Serie, eine Lehre van den Wiederholungen im Labensund im Welteshehen, Stuttgart and Berlin.
- Laplace, P.S.(1914). Essai philodophique de probabilitis, reprinted in his *Theorie analytique des probabilies* (3rd ed. 1820).
- Mahalanobis, P.C.(1954). The foundations of statistics, *Dialectica,* 8, 95-111.
- Mandelbrot, B.B.(1982). *The Fractal Geometry of Nature,* W.H. Freeman and Company, SanFrancisco.
- Marbe, K.(1916). *Die Gleichformigkeit in der Weit, Utersuehungen zur Philosophie and positiven Wissenschaft,* Munich.
- Mendel, G.(1870). *Experiments on Plant Hybridization* (English Tranlation) Havard University Pess, Cambridge, 1946.
- Nalikar, J.V.(1982). Statistical techniques in astronomy, *Sankhya,* 42, 125-134.
- Quetelet, A.(1869). *Physique aociale ou essai sur le development des facultes de l'homme,* Brussels, Paris, St. Petersburg.
- Sterzinger, O.(1911). *Zur Logic and Naturphilosophie der Wahrscheintichkeitslehre,* Leipzig.
- Tippett, L.H.C.(1927). *Random Sampling Numbers.* Tracts for computers, No.15 Ed. E.S. Pearson, Camb. Univ. Press.

부록: 토론

A.1 우연성Chance과 혼돈이론Chaos

제1장의 내용을 토대로 하여 강의를 끝낸 후 진행된 토론시간에는, "무작위 같은Random like" 현상을 기술하는데 사용된 혼돈과, 그것이 우연성 및 불확실성의 연구와 어떤 관련이 있는지에 관하여 질문이 있었습니다. 나는 다음과 같이 대답하였습니다.

우연성Chance이라는 단어는 추첨에서 번호를 뽑아내는 것과 같은 무작위 현상을 기술하기 위하여 사용됩니다. 이렇게 하여 만들어진 일련의 숫자들은 종국에는 어떤 질서를 나타내는데, 이는 확률로 설명할 수 있습니다. 다른 한편, 결정론적 절차에 의하여 생산되는 숫자들은 전체적으로는 규칙을 지니고 있지만 부분적으로는 무작위식 행동을 보일 수 있다는 사실입니다. 지난 20년 동안 과학자들은 혼돈이라는 이름 하에 후자의 현상을 연구했습니다. 이 새로운 접근방식은 구름의 형성, 난류, 해안선과 같은 복잡한 모양이나 형태를 모형화하는데 사용되었으며, 간단한 수학 방정식들을 사용하여 주식시장의 주가변동을 설명하는데도 이용되었습니다. 이러한 사고방식은 우연성 메커니즘을 통해 어떤 시스템의 결과를 기술하는 것과는 차이가 있습니다. 우연성은 무질서 속의 질서를 다루지만 혼돈이론은 질서 속의 무질서를 다룹니다. 이 둘은 관찰된 현상들을 모형화한다는 점에서 서로 관계가 있습니다.

로렌츠Edward Lorenz는 시스템의 반응이 초기조건에 민감하다는, 소위 "나비효과"를 발견했는데, 이 발견과 함께 혼돈에 관한 연구가 빛을 발하게 되었습니다. 그는 장기 일기예측시, 예측공식에 입력으로 사용되는 초기 측정치의 작은 오류가 결과적으로 예측값에 매우 큰 오류를 발생시킨다는 것을 발견하였습니다. 맨델브롯Benoit Mandelbrot은 각각 다른 규모들에서 같은 종류의 변화를 보이는 형태들의 모양을 설명하기 위하여 프랙탈 기하학을 만들어 냈습니다. 그의 프랙탈 기하학을 이용하면 눈송이나 해안선의 구조와 같이 자연 속에서 발견될 수 있는 "들쭉날쭉하고, 엉클어지고, 쪼개지고, 비틀어지고, 부서진" 모양들을 설명할 수가 있습니다. 파이겐바움Mitchell J. Feigenbaum은 아래와 같은 반복함수에 기초하여 매력적 개념을 만들어 냈습니다.

$$x, f(x). f(f(x)), \cdots$$

이것은 불안정한 난류와 같은 몇 가지 물리적 현상에 대하여 정확한 모델을 제공합니다. 과학자들이 말하는 혼돈이론은 사실 수학적인 것이며 이에 대한 연구는 컴퓨터를 이용함으로써 가능해졌고 그 결과 그것은 매력적인 것이 되었습니다. 이제 그것은 충분히 보람 있는 연구분야가 되었으며 또한 결정론적 모형들을 통하여 자연 속에서 관찰되는 현상들을 모형화하는 새로운 방법을 개척하였습니다.

유명한 수학자인 칵Mark Kac은 결정론적 함수의 그래프가 어떻게 무작위 메커니즘의 기록과 유사해지는가를 나타내는 흥미로운 예를 제시했습니다(그의 자서전 "우연성의 수수께끼Enigmas of Chance", pp. 74-76 참조). 스몰루쵸우스키Smoluchowski의 이론인 브라운 운동, 즉 공기를 담은 용기 속에 석영섬유에 매달린 작은 거울의 움직임을 실험하기 위하여 캐플러Kappler는 1931년에 교묘한 실험으로 거울의 움직임을 나타낸 정밀한 기록을 얻었습니다. 다음의 그림은 그중 30초간의 기록입니다.

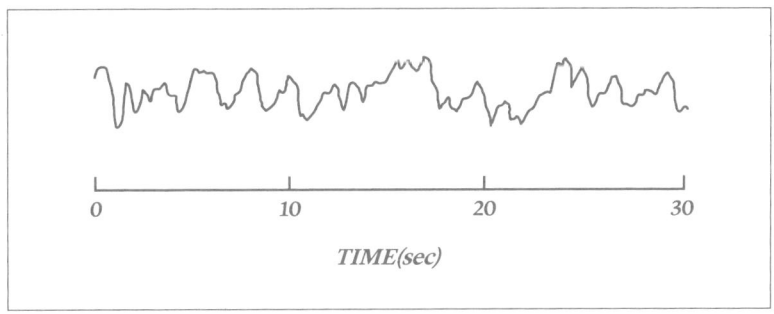

칵은 이 그래프를 보면서 다음과 같은 말을 했습니다. "사람은 늘 우연성에 부딪치게 되며 이 기록은 오직 무작위 메커니즘에 의해서만이 가능했을 것이라는 느낌을 지울 수 없습니다." 캐플러의 실험은 공기분자가 거울에 무작위로 부딪쳐서 그 거울의 움직이는 그래프가 정상 가우스과정을 나타낸다는, 스몰루쵸우스키의 이론을 확인시켜준 것으로 볼 수 있습니다.

칵은 아래의 함수를 만들어서 그래프를 그려본 결과 캐플러의 그래프와 거의 유사한 형태가 만들어진다는 것을 증명했습니다. 그 어떤 통계적 분석으로도 칵의 함수에 의한 그래프와 캐플러의 그래프 사이의 차이점을 분별할 수 없습니다.

$$\alpha \frac{\cos\lambda_1 t + \cos\lambda_2 t + \cdots + \cos\lambda_n t}{\sqrt{n}}$$

위 함수에서 n은 충분히 큰 수Sufficiently large n를 나타내며, $\lambda_1, \lambda_2, \cdots, \lambda_n$은 일련의 상수, α는 척도인자입니다. 칵은 질문합니다.

그러면 우연성이란 무엇인가?

A.2 창조력Creativity

인도통계연구원의 원장인 고쉬J.K.Ghosh 박사는 다음과 같은 몇몇 논평들을 나에게 보내왔습니다.

창조력에는 항상 신비하고도 경외감을 주는 그 무엇이 있는 것 같습니다. 특히 라마누잔의 업적들은 20세기에 그 어떤 사람이 생각할 수 있는 것보다도 더 많은 신비와 경외를 갖도록 합니다. 창조의 과정 즉, 새로운 아이디어나 새로운 발견들의 탄생과정에 존재하는 이러한 신비한 요소의 본질을 생각하며, 라오 교수는 무작위가 창조력의 중요한 요소인지 아닌지를 연구하고 있습니다. 사실 라오 교수는 창조력을 이해하기 위한 새로운 가설적 패러다임을 제시했습니다. 그의 말을 인용해 보겠습니다.

"창조력에 필수적 조건은 마음을 일반적 지식이나 구습으로부터 자유로이 방임하는 것입니다. 아마도 발견에 이르기 전까지는 그 사고가 명확치 않았을 것입니다. 즉, 그것은 가능성의 범위를 좁히기 위해 과거의 경험이나 잠재적 지각을 적절히 활용한 새로운 틀을 무작위적으로 찾아내기 위한 상호작용이었을 것입니다."

무작위식 탐구조차도 잠재적 의식수준에 있을 것입니다. 잠재적 의식수준에서 이루어진 많은 창조적 작업들이 여러 번 인증되었습니다. 이 빛나는 사건들은 하다마드Hadamard에 의하여 정리되었습니다. [하다마드(1954) : 발명의 심리에 관한 소고Essay on the psychology of invention, 수학적 필드Mathematical Field, 프린스톤Princeton, 도버Dover.] 확률이론을 통하여 계량화하고자 하는 개념인 무작위와 불확실성의 연관성은 또 다른 훌륭한 가설입니다. 하다마드는 그의 책에서 우연성에 관해 어렴풋이 언급하고 있지만, 그리 많은 주목을 받지는 못하였습니다. 라오 교수가 거의 마술과도 같은 라마누잔의 위력을 소개하고 무작위와 불확실성에 대하여 훌륭하게 개관함으로써 우리에게 보여주고자 했던 것도 아마도 창조성이었을 것입니다. 다음 글은 이 주제에 국한된 것입니다.

제가 보기에 누군가와 귀납적 비약 혹은 범상치 않은 학습과정을 거칠 때 거기에는 항상 마술과도 같은 특성을 지닌 창조력의 요소가 있는 것 같습니다. 이러한 마술적 요소는 다음으로부터 연유되는 것 같습니다. 첫째, 창조력과 관련된 신비의 부분은 귀납추리에 관한 적절한 철학적 기반의 부재와 관련이 있습니다. 이러한 시도들은 경솔하게도 매우 작은 부대에서 아주 큰 고양이를 꺼내려고 시도하는 것처럼 기술되었습니다. 둘째, 창조력과 관련된 신비는 창조력에 관하여 배울 수 있는 만족할 만한 모형들이 컴퓨터와 같은 인공지능에는 없다는 것입니다. 셋째, 이와 같은 상황과 관련해서 지적할 만한 가치가 있다는 것입니다. 내가 아는 한 창조력에 관하여 배울 수 있는 모형은(최소한의 적절한 모형은) 확률적인 것입니다. 결론적으로 라오 교수의 가설은 훌륭할 뿐 아니라 그러한 모형의 논리적 정점인 것 같습니다. 만약 누군가가 컴퓨터로 하여금 창조적 작업을 수행할 수 있도록 시도한다면, 즉 창조력을 흉내내도록 하고 싶다면, 이처럼 확률적 작업이 그것을 가능케 하는 유일한 길인 것입니다. 컴퓨터 음악이 이런 종류에 해당된다고 생각됩니다.

이러한 모형은 얼마나 만족스럽게 받아들일 수 있습니까? 이와 관련하여 수학에 관한 힐버트Hilbert의 패러다임을 언급하고자 합니다. 오늘날 수학의 본질을 제대로 이해하려면 유한 형식론Finitistic formalism에 관한 힐버트의 프로그램이나 괴델Godel의 불가능 정리Impossibility theorem를 잘 알아야 합니다. (넬센Nelsen(Sankhya, A, 1985)과 같은 낙관론적 예외도 있습니다.) 창조력은 귀납법처럼 너무 복잡하여 불가능 정리를 만들어 낼 수 없습니다. 불가능에 대해 얘기하는 것은 단지 그것이 명확히 정의된 알고리즘을 언급할 때만이 의미가 있습니다. 그러나 우리는 아마도 주어진 모형에 관해 어떤 의미에서 반(反)직관적 예들을 가지고 있을지도 모릅니다. 그러면 그 "반증 예"와 함께 그 모형은 모형화하려는 것의 본질을 보다 잘 이해하는 데 도움이 될 것입니다. 나는 라오 교수의 가설에 관하여 반증 예가 존재한다는 것을 느낍니다. 라오 교수가 인용한 아인슈타인의 다음 말을 믿습니다. "이러한 확신은 논리적 추리에 근거를 둘 수는 없지만 새끼손가락을 걸고 맹세할 수 있다."

고쉬 박사는 다음과 같은 말로서 그의 글을 마무리하였습니다.

"저의 견해들이 창조력에 대한 포퍼의 비판적 합리주의사상Popperism인지는 잘 모르겠습니다. 또한 과학에 관한 포퍼Popper의 견해가 창조력에 대하여 충분한지는 잘 모르겠습니다."

저는 자주 논의되고 있는 창조력의 개념에 관한 몇 가지 근본적인 문제들을 제시해준 고쉬 박사에게 감사드립니다. 저는 음악이나 문학 혹은 미술에서 거론되는 창조력과는 구분되는 과학에서의 창조력에 국한하여 답변 드리겠습니다. 과학에서 대부분의 연구작업들은 구멍을 틀어막고 새는 곳을 메꾸는 일종의 해치우기식 수준에서 이루어진 것들입니다. 연구 중 창조로 인정될 수 있는 것은 아주 적은 양에 불과합니다. 그리고 그것은 그 깊이에 따라 다음 두 가지로 나눌 수 있습니다. 즉, 현존하는 패러다임의 구조 속에서 만들어지는 것과, 패러다임의 변화를 수반하는 보다 높은 수준에서 만들어지는 것입니다. 두 가지 종류의 창조과정 메커니즘을 완전히 알 수는 없지만, 일부분은 일반적으로 알려져 있습니다. 즉, 정신이 논리적 추론과정에 의해 제약받지 않고 이루어지는 잠재적 사고, 한 분야에서 얻어져 다른 분야로 옮겨지는 경험, 그리고 미와 패턴에 관한 미학적 감정 같은 것은 널리 알려져 있습니다. 다음은 창조력에 관한 글들을 인용해 놓은 것들입니다.

창안하고자 한다면 본류에서 벗어나 생각해야한다.

-수리오Souriau

사람들은 가끔 그들이 찾고 있는 것이 아닌 것들을 발견한다.

-플레밍A. Fleming

나는 찾으려고 노력하지 않았다. 그러나 발견하였다.

-피카소Picasso

나의 작업은 항상 진실과 미를 결합하고자 하는 것이었다.
그러나 둘 중 하나를 선택해야 할 때는 보통 미를 선택했다.

-웨일H. Weyl

나는 오래 전에 이러한 결과를 갖고 있었다.
그러나 아직까지도 어떻게 그 결과들에 도달하였는지는 모른다.

-가우스Johann Gauss

나는 가설을 만들지 않는다.

-뉴톤Issac Newton

> 나는 과학이란 신념이 없이는 불가능하다고 말했다. …베이컨의 논리인 귀납적 논리는 우리가 그것을 증명하기보다는 그것을 좇아 행동할 수 있는 것이며, 그것을 좇아 행동한다는 것은 신념을 표현하는 것이다. …과학이란 인류가 신념을 가질 수 있도록 자유로울 때만이 번성할 수 있는 삶의 방법이다.
>
> -위너Norbert Wiener

창조적 과학의 초기단계에는 위에서 언급된 것처럼 일종의 신비주의적 요소가 있습니다. 그러나 일단의 철학자들은 이것을 무시한 채 창조력에 관하여 이야기하였습니다.

고쉬 박사에 의하여 언급된 포퍼의 견해에 관하여 저는 다음과 같이 말할 수 있습니다. 과학적 가설들은 단지 추측일 뿐이라는 포퍼의 말은 관측된 사실로부터 얻어진 가설은 명확한 알고리즘이 없다는 말로 이해될 수밖에 없습니다. 가설은 받아들여질 수 없고 단지 왜곡될 뿐이라는 포퍼의 주장은 철학적으로는 깊은 의미가 있을지 모르나, 엄격한 의미에서는 정당하지 않습니다. 왜냐하면 과학적 법칙들은 실생활에서 끊임없이 응용되기 때문입니다. 포퍼는 어떻게 가설이 형성되는가에 관한 문제에는 아무런 중요성을 부여하지 않았습니다. 왜냐하면 설사 그러한 문제가 제시된다 하더라도 거기에는 아무런 논리적 해답이 없기 때문입니다.

저는 과학에 영향을 주는 과학적 법칙들이 현존하는 지식이나 귀납적 방법만으로는 만들어질 수 없다고 봅니다. 그것은 바로 "존재하지 않는 것들을 생각해낸다는 것과 왜 불가능한가라고 묻는" 창조의 불꽃이 요구됩니다 (버나드 쇼George Bernard Shaw의 말에서). 저는 무작위식 사고를 창조력의 요소로 제시하였습니다. 어떤 문제를 풀기 위하여 "모든 두뇌세포가 극도로 긴장해 있을 때"와 같이 인간의 두뇌가 매우 활발히 움직이는 단계 또는 틀에 박힌 사고방식에서 한 걸음 물러서는 것 등이 그럴싸한 해결책을 발견하기 위하여 필요한 것들입니다. 이것은 존재 가능한 유한의 대안책으로부터 무작위적 시행착오를 통하여 문제의 해결책을 찾는다는 말이 아닙니다. 창조적 과정에서는 대안책들이 미리 제시되지 않습니다. 그리고 그것들은 유한하지도 않습니다. 저는 지금 순차적으로 최적선택을 하는 가운데 이루어지는 발견과정에서의 최종단계를 언급하고 있습니다. 발견과정에서 이루어지는 최적선택들은 그전에 이루어진 선택들에 의해 얻어진 지식들을 기초로 하여 이루어지며, 최적선택으로 인해 가능성은 점점 좁혀지게 됩니다. 이러한 과정(아마도 확률적 과정)은 점진적으로 어둠을 쫓아내는 것이지 한꺼번에 많은 빛을 받아들일 수 있는 여러 창문들 중 하나를 선택하는 것이 아닙니다. 그러나 몇몇 과학자들은 컴퓨터를 이용하여 새로운 지식을 창조할 수 있다고 믿기도 합니다.

그러면 창조력은 어느 정도까지 기계화될 수 있는 것일까요? 과학적 발견들과 관련하여 보건대, 다음과 같은 사실을 증명하는 몇몇 실험작업들이 수행되었습니다. 즉, 아무리 혁명적인 과학적 발견이라 할지라도 그것은 정상적인 문제해결 과정 속에서 이루어졌지 "창조적 불꽃"이나 "천재적 기지" 혹은 "일순간의 통찰력" 등과 같은 신비적 요소들을 포함하고 있지 않다는 것입니다. 이처럼 창조력은 정보처리의 결과이므로 결국 프로그램화시킬 수 있다는 것입니다.

최근 출판된 "과학적 발견Scientific Discovery"(창조과정의 수치적 탐색, MIT 프레스, 캠브리지)에서, 저자인 랭글리Pat Langley, 사이몬Herbert A Simon, 브래드쇼Gary L. Bradshaw, 짓코우Jan M. Zytkow는 발견의 분류법을 언급하고 있습니다. 그들은 또한 이 책에서 창조력의 주요 요소들인 "문제발견", "관련자료확인", "스스로 발견해 가며 이루어지는 신택적 탐색" 등을 목표로 하는 정보처리를 어떻게 컴퓨터 프로그램화 할 수 있는가에 관하여도 논의하고 있습니다. 그들은 과거에 이루어진 몇 개의 주요 발견들이 컴퓨터 프로그램-그러한 발견이 이루어질 당시에 이용 가능한 정보나 지식만을 사용한-을 통하여 보다 효과적인 발견작업을 수행할 수 있었을 것이라는 것을 보이기 위하여 몇 가지 예를 제시했습니다. 저자들은 그들의 이론이 연구의 새로운 지평선을 여는 패러다임의 전환문제까지도 해결할 수 있는 프로그램을 제공할 수 있기를 기대하고 있습니다. 저자들은 다음과 같은 말로 결론을 맺고 있습니다.

우리들은 위대한 발견자들, 즉 우리가 그들의 행동을 이해하고자 노력하고 있는 과학자들도, 그들의 활동이 비록 고급의 것이긴 하지만 그래도 역시 보통의 인간적 사고로서 해석되는 것을 기뻐할 것으로 생각합니다.… 과학은 우리가 세상이

그렇게 되었으면 하고 바라는 것과 관련된 것이 아니라, 바로 현실의 세상과 관련이 있습니다. 그러므로 우리는 항상 매혹적이며 끊임없는 발견적 탐구과정 속에서 새로운 실험들을 계속 시도하고 새로운 증거를 찾도록 해야 합니다.

과학의 본질에 대한 이와 유사한 생각을 아인슈타인은 다음과 같이 표현했습니다.
순수한 논리적 사고가 우리에게 경험적 세계에 대한 지식을 가져다 줄 수 없습니다. 현실세계의 모든 지식은 경험으로 시작해서 경험으로 끝납니다. 진정 논리적인 수단에 의해 도달하게 되는 명제들은 현실과는 완전히 동떨어져 있습니다.

그러나 펜로즈Roger Penrose는 그의 저서 "황제의 새로운 정신The Emperor's New Mind"을 통해 창조적 과정에서 정신의 역할이 얼마나 중요한지 강조했습니다.
정신이야말로 우리를 계산 불가능한 진실의 세계로 이끌어간다는 바로 그 사실로 말미암아, 나는 결코 컴퓨터가 정신을 복제할 수 없다고 확신합니다.

A.3 우연과 필연

토의가 진행되는 동안, 원인과 결과 그리고 우연에 관한 질문이 대두되었습니다. 그것은 다음과 같이 요약될 수 있습니다.
"당신은 자연현상의 불확실성을 강조했습니다. 만약 이런 현상들이 무작위로 발생한다면, 우리들은 어떻게 자연을 이해하고, 탐구하고, 설명할 수 있습니까?"

저는 이런 질문이 대두된 것을 기쁘게 생각합니다. 만약 자연현상들이 전혀 예측할 수 없도록 무작위로 발생한다면 아마도 삶은 견디기 힘들 겁니다. 한편

반대로 모든 현상이 결정론적으로 완벽히 예측할 수 있다면 너무 싱거울 겁니다. 모든 현상에는 이 두 가지가 기묘하게 조화를 이루고 있으며, 따라서 "인생을 복잡하지만 심심하지는 않게" 만듭니다(네이만 J.Neyman이 말하곤 했던 것처럼).

인과율을 통해 관측현상을 설명하고 미래사건들을 예측하는 데는 논리적이고도 실제적인 어려움이 있습니다.

논리적인 어려움은 우리가 복잡한 인과관계의 사슬 속에서 끝날 수 있기 때문입니다. 즉 만약 A_2가 A_1의 원인이 된다면, 우리는 또다시 A_2의 원인을 물을 수 있기 때문입니다. 만약 A_3을 답한다면 그 다음은 A_3의 원인을 묻게 되고 그런 식으로 계속될 수 있습니다. 우리는 끝없는 사슬을 가지게 됩니다. 그래서 어떤 단계에 가서는 원인추적이 어려워지거나 논리적으로 불가능하게 되어, 그 단계에서는 우연성 메커니즘을 통하여 사건들을 모형화하려 합니다.

실제적인 어려움은 아주 하찮은 경우를 제외하고는 한가지 현상을 발생시키는 요인이 무한히 많기(혹은 유한하지만 매우 많기) 때문입니다. 예를 들어 만약 당신이 동전을 던졌을 때 앞면이 나올 건지 뒷면이 나올 건지를 알고 싶다면 당신은 몇 가지를 알아야 합니다. 첫째로 앞면인지 뒷면인지의 사건(y)을 결정하는 여러 요인들, 즉 초기의 속도(x_1), 동전의 크기(x_2), 동전을 던지는 사람의 긴장정도(x_3), ⋯ 등과 같은 요인들의 크기를 알아야 하며, 더불어 그들 사이의 관계도 알아야 합니다.

$$y=f(x_1,x_2,x_3,\cdots)$$

만약 f가 정확히 알려져 있지 않거나, 모든 요인들 $x_1, x_2, \cdots$의 값을 알 수 없거나, 또는 측정오차가 존재한다면 불확실성이 발생합니다. 우리는 단지 요인들의 일부분, 예를 들면 $x_1, x_2, \cdots, x_n$에 관해서만 정보를 가질 수 있고, 이러한 사실 때문에 결과적 현상 y를 다음의 식

$$y=f_a(x_1,x_2,\cdots, x_n)+e$$

으로 모형화하게 됩니다. 여기서는 f_a는 f의 근사함수이며, e는 미지의 오차로서, f_a의 선택과 나머지 요인들에 대한 정보 부족, 그리고 측정오차 때문에 발

생하는 오차를 나타냅니다. 우연성 메커니즘을 통하여 근사함수 f_a와 오차 e를 선택하여 불확실성을 모형화하는 것은 필연입니다.

그러면 우연이란 무엇이며 그것을 어떻게 모형화할 수 있습니까? 우리는 관측현상을 설명하거나 미래의 사건을 예측하기 위하여 이미 알고있는 원인들의 영향과 미지의 원인들에 대한 가능한 영향들을 어떻게 결합할 수 있겠습니까? 불확실성이 존재할 때 "현상의 설명"과 "사건의 예측"은 무엇을 의미합니까? 이러한 질문들에 대답한다는 것은 참으로 논리상 어려움이 있습니다. 만약 우리가 불확실성을 모형화한다면, 불확실성을 모형화하는 것 자체에 대한 또 다른 불확실성을 모형화하는 문제가 자연스럽게 대두될 것입니다. 그러나 우리는 이러한 철학적 문제들은 차치하고 일단 한 현상의 설명을, 허용 가능한 오차수준 내에서 이끌어 낼 수 있는, 실효성 있는 가설(절대적으로 진실이 아닌 가설)로 해석할 수 있을 것입니다.

이러한 방향에서의 첫 번째 시도는 오차이론의 개발입니다. 오차이론에 따르면 측정상의 불확실성은 결과해석시(미지의 모수를 추정하거나 가설을 검증할 때) 고려되어야 합니다. 두 번째 단계는 물리적 체계를 지배하는 우연성에 따라 관찰된 현상을 특징화하는 것입니다. 이것은 아마도 자연에 대한 인류의 사고와 이해에 있어서 가장 위대한 진보라고 할 수 있는데, 이에 대한 두드러진 예는 120년 전 과학의 역사에 불확정 패러다임Indeterministic paradigm을 최초로 소개한 멘델Gregor Mendel의 연구결과일 것입니다. 그는 우연성에 따라 변하는 자료들을 관찰함으로써 유전구조를 설명하는 유전학의 기초를 세웠고, 그러한 멘델의 생각은 현대의 진화론을 낳았습니다. 이 진화론은 "우연과 필연의 혼합물로써, 우연은 변이수준에서의 우연을 말하며 필연은 도태과정에서의 필연"을 말합니다. 그 이후 물리적 현상을 설명하는데 있어서 일대 진전이 있었는데, 이는 기초 미립자들의 무작위 행위를 통하여 이루어졌습니다. 이처럼 우연의 개념은 아무런 원인 없이 발생한 것처럼 보이는 현상에 대해 그 신비를 밝혀내는 데 실질적으로 큰 역할을 했습니다.

또한 우리는 더 나아가 우연이 우리의 일상생활, 과학적 탐구, 산업생산 혹은 복잡한 의사결정 등 그 어느 상황에서 발생하더라도 그것을 처리하는 방법을 배웠습니다. 우리는 우연(잡음)에 의하여 왜곡되어지는 메시지로부터 정상적인 신호들을 추출하는 방법을 개발하였고, 또한 피드백과 통제작용을 통하여 우연의 효과를 감소시키는 방법도 개발하였습니다(인공두뇌학, 자동제어장치). 우리는 우연과 평화롭게 공존할 수 있는 방법, 즉 우연의 효과에도 불구하고 일을 효과적으로 처리할 수 있도록 해주는 방법을 개발하였습니다(오차교정코드 사용, 일관성을 위한 반복실험, 보다 쉽게 파악할 수 있도록 해주는 중복된 표현의 도입 등). 무엇보다도 놀라운 것은 우연성을 사용하지 않으면 해결이 어려운 문제들을 해결하게 된 것과(몬테카를로 기법, 무작위식 탐구), 그런 문제들을 보다 향상시켰다는 것입니다(품종개량 프로그램에서의 취사선택). 엔지니어들은 가끔 기계의 성능을 향상시킬 목적으로 기계를 설계할 때 여기에 우연의 요소를 도입합니다. 더욱더 역설적인 것은, 정당하고도 편향 없는 정보를 제공하기 위하여 우리는 자료수집시 인위적으로 우연의 요소들을 삽입시킨다는 것입니다(표본조사나 실험계획 설계시 볼 수 있는 것처럼).

주사위놀이를 하는 신이 우주를 움직인다는 사실을 받아들일 때 받을 충격을 우리는 아직까지도 뒤로 미루고 있습니다. 로이Rustum Roy가 그의 책에서 다음과 같이 말한 것처럼 말입니다.(진리와의 실험Experimenting With Truth, p.188).

시익 및 국가단위의 사회계획은 우리가 살고있는 형태를 나타내는 종 모양이

"정규Normal"분포 곡선과 조화를 이루도록 각각 다르게 만들어져야 합니다.

그는 또한 계속하여 언급하기를 지금의 선거제도(후보가 유세를 하고 유권자들이 투표하는 제도)가 폐지되고 유자격자들 중에서 무작위로 후보를 선출(복권식 추첨방식)하는 심각한 정치적 변화가 올 수 있다고 말합니다.

저는 전세계에 하나밖에 없는 러시아의 '무작위연구소Random Research Laboratory' 소장인 래스트리진L. Rastrigin이 그의 유명한 저서인 "우연과 우연의 세계The Chancy, Chancy World"에서 언급한 구절을 인용하고자 합니다.

놀라운 우연의 세계에 관한 연구는 이제 방금 시작되었습니다. 이제까지 과학은 이 신비하고도 잠재력이 무한한 세계의 표면만을 스쳐 지나왔던 것입니다. 그러나 이제 우연이라는 정말로 귀한 보물에 관한 발굴작업이 시작되었습니다. 그리고 이제까지 발견되지 않은 귀한 것들이 무엇인지는 아무도 말할 수 없습니다. 그러나 한가지 확실한 것이 있습니다. 우리는 우연을 귀찮은 방해물이나 "현상의 중요치 않은 부수물"(철학사전에 기술되어 있는 것처럼)로 생각하지 않고, 오히려 아무리 대담한 상상력이라도 감히 예측할 수 없는 무한한 가능성의 보고로 생각하는 데 익숙해져야 한다는 것입니다.

만약 우리가 자연 속에 존재하는 이성적인 원리를 말해야 한다면, 그것은 오직 우연성일 뿐입니다. 왜냐하면, 자연의 "이성Reason"을 구성하는 것은 바로 우연성이기 때문입니다. 진화와 개선은 우연성 없이는 불가능합니다.

A.4 모호성Ambiguity

관측 자료를 해석하는데는 우연성과 무작위 이외에도 또 다른 방해물이 있습니다. 이것은 모호성Ambiguity으로, 개체들(사람, 장소, 또는 사물)을 구분하여 각각의 범주에 할당할 때 발생합니다. 나는 통계학자입니까, 수학자입니까, 아니면 행정가입니까? 이러한 질문에는 상황에 따라 다른 대답을 하게 됩니다. 경우에 따라서는, 각각의 3분의 1에 해당된다고 말할 수 있습니다. 물론 각 범주를 세밀하게 정의해서 의사전달이나 조사업무에서의 혼란을 가능한 피하는 것이 필수적입니다. 그러나 개념을 소개하고 정의할 때 생기는 모호성은 피할 수 없습니다. "범주를 설정하는 데 있어서 어떠한 최선의 방법도 없다는 것이 근본적인 어려움입니다"(크러스칼Kruskal, 1978, 개인 교신에서). 나는 이러한 문제와 관련하여 수학에서의 "퍼지 집합론Fuzzy sets"을 공부할 필요가 있다고 봅니다.

그러나 레비Edward Levi가 법정이나 입법기관에서 있을 수 있는 모호성의 중요한 역할에 대해 1949년도 간행된 책에서 언급한 내용은 흥미롭습니다. 크러스칼(1978)은 위의 주제와 관련하여 레비의 책에서 다음을 인용하였습니다.

법정에서 사용되는 범주는 새로운 아이디어의 주입을 허용하기 위하여 모호성을 가져야 합니다. (p.4)

어떤 법이 전혀 모호함이 없이 서술되어 특정사건에 적용할 수 있다는 주장은 단지 전설과 같은 이야기일 뿐입니다. 이와는 달리, 모호성은 법령이나 헌법은 물론 판례법에서도 불가피합니다. (p.6)

[입법기관에서의 모호성]은 흔히 생각하듯이 입안자의 기술부족에 의한 결과가 아닙니다. …논의거리가 되지 않는 분위기에서 결정된 것도 분명하지 않을 수 있습니다. … 알고 있는 사례를 어떻게 다룰 것인가에 대해 동의가 있기 전에 모호성이 존재하는 것은 [필요합니다]. (pp.30-31)

이것이야말로 사람들이 완전히 동의하지 않을 때 기능할 수 있는 시스템입니다. … 단어는 그 사회에서 공감하는 의미를 받아들이기 위해 변화합니다. (p.104)

이처럼 레비 빅시는 모호성을 우리를 불편하게 하는 천덕꾸러기가 아니라 사회의 조화를 위해 유익하고 필요한 존재로서 인식하였습니다. 인생을 흥미롭게 하는 두 가지 본질적인 요소는 우연성과 모호성-즉, 자연현상의 비예측성과 우리가 의사소통시 사용하는 용어해석의 비유일성-입니다. 과거에 이 둘은 이로 인해 아무 것도 할 수 없는 방해물로 인식되었습니다. 이제 우리는 그들을 불가피한 것으로 받아들일 뿐 아니라 우리 사회의 발전을 위해 필수적인 것으로 생각합니다.

A.5 π의 소숫점 숫자들은 랜덤한가?

닷지Y.Dodge는 국제통계리뷰(International Statistical Review, Vol 64, 329-344. 1966)에 발표한 논문에서, π에 대한 4,000년 역사를 추적하고 π의 소숫점 숫자들이 랜덤한 수열을 이루는지에 대해 질문하고 있습니다. 기술적으로 말해서 랜덤한 수열이란, 그 수열 자체보다 더 짧은 형태로 된 알고리즘으로는 기록할 수 없는 수열을 말합니다. 이러한 엄격한 의미로 보면, π의 소숫점 수열은 랜덤한 수열이 아닙니다. 컴퓨터를 이용하여 π의 소숫점을 구할 때, 라마누잔의 신비로운 다음 공식을 이용한다는 것은 흥미롭습니다.

$$\frac{1}{\pi} = 2\sqrt{2} \sum_{n=0}^{\infty} \frac{\left[\frac{1}{4}\right]_n \left[\frac{1}{2}\right]_n \left[\frac{3}{4}\right]_n}{(1)_n (1)_n n!} (1103 + 26390n) \left[\frac{1}{99}\right]^{4n+2}$$

그러나 π의 소숫점 숫자들은 기존의 모든 랜덤성에 대한 통계검증을 만족하므로 유사 난수로 취급할 수 있습니다. 이 숫자들은 시뮬레이션 연구에 사용될 수 있으며, 복권 추첨방식으로 만들어진 난수를 사용할 경우처럼 좋은 결과를 얻게 됩니다.

<표1.4>는 π의 소숫점 1,000개[2]를 순서대로 나열한 것입니다. 1,000개의 소숫점 숫자 중 숫자 0,1,…,9의 빈도수는 다음과 같습니다.

숫자	0	1	2	3	4	5	6	7	8	9
빈도수	93	116	103	102	93	97	94	95	101	106
기대도수	100	100	100	100	100	100	100	100	100	100

관측도수가 기대도수로부터 벗어난 정도를 검정하는 카이제곱 통계량은 4.2로써(자유도는 9) 작은 값이며, 이는 각 숫자의 빈도가 기대도수에 적합하다는 것을 반영하는 것입니다. 또 다른 검정으로 π의 소숫점 숫자를 5개씩 짝 지어 이중에 포함된 홀수의 빈도를 이용할 수 있습니다.

---

[2] 12세 중국소년 장 추오는 25분 30초만에 의 소숫점 숫자 4,000개를 외웠다고 보고되었다.

홀수의 개수	0	1	2	3	4	5
빈도수	7	31	54	61	41	6
기대도수	6.25	31.25	62.50	62.50	31.25	6.25

이 경우에 기대도수에 대한 적합도를 검정하는 카이제곱 통계량은 4.336(자유도는 5)으로 역시 작은 값입니다. π의 소숫점 숫자열은 <표1.1>과 <표1.2>에 서술된 흰색과 검은 색 구슬의 배열 및 새로 출생하는 남녀 어린이의 배열과 같은 성격을 갖는 것으로 볼 수 있습니다.

표1.4 π의 처음 소숫점 숫자 1,000개

1415926535	8979323846	2643383279	5028841971	6939937510
5820974944	5923078164	0628620899	8628034825	3421170679
8214808651	3282306647	0938446095	5058223172	5359408128
4811174502	8410270193	8521105559	6446229489	5493038196
4428810975	6659334461	2847564823	3786783165	2712019091
4564856692	3460348610	4543266482	1339360726	0249141273
7245870066	0631558817	4881520920	9628292540	9171536436
7892590360	0113305305	4882046652	1384146951	9415116094
3305727036	5759591953	0921861173	8193261179	3105118548
0744623799	6274956735	1885752724	8912279381	8301194912
9833673362	4406566430	8602139494	6395224737	1907021798
6094370277	0539217176	2931767523	8467481846	7669405132
0005681271	4526356082	7785771342	7577896091	7363717872
1468440901	2249534301	4654958537	1050792279	6892589235
4201995611	2129021960	8640344181	5981362977	4771309960
5187072113	4999999837	2978049951	0597317328	1609631859
5024459455	3469083026	4252230825	3344685035	2619311881
7101000313	7838752886	5875332083	8142061717	7669147303
5982534904	2875546873	1159562863	8823537875	9375195778
1857780532	1712268066	1300192787	6611195909	2164201989

제2장

불확실성
길들이기
: 통계학의 발전

통계학자들이 조용히 세상을 변화시켰습니다.
그것은 새로운 사실이나 기술의 발견을 통해서가
아니라 추론하는 방법, 실험하는 방법, 자기의 견해를
세우는 방법들을 변화시킴으로써 이루어졌습니다.

-해킹Hacking

1. 초창기 역사: 데이터로서의 통계학

통계학의 기반은 오래 전부터 존재하였지만 그 역사는 짧다고 할 수 있습니다. 통계학의 기원은 인류의 시작까지 거슬러 올라가지만, 이것이 실제적으로 유용한 학문으로써 떠오른 것은 최근의 일입니다. 오늘날의 통계학은 생동하는 학문으로서 자리 잡고 있으며, 그 기반과 방법론에 대한 여러 논쟁이 있음에도 불구하고 현재 폭넓게 사용되고 있습니다. 통계학에는 여러 다른 통계학파들에 의하여 옹호되는 학문풍조들이 존재합니다. 컴퓨터의 출현은 자료분석이라는 통계적 방법론의 발전에 커다란 영향을 미쳤습니다. 통계학의 미래가 어떻게 될 것인지 말하기는 힘듭니다. 여기서는 통계학의 기원과 현재의 발전과정 그리고 그 미래에 관하여 간단하게 조망해 보고자 합니다.

1.1 통계학이란 무엇인가?

통계학은 물리학이나 화학, 생물학 혹은 수학과 같이 독립된 학문분야입니까? 물리학자들은 열, 빛, 전기 그리고 운동의 법칙과 같은 자연현상들을 연구합니다. 화학자들은 물질의 성분과 화학물질 사이의 상호작용에 대하여 연구합니다. 또한 생물학자는 식물과 동물의 생명에 관하여 연구하고, 수학자는 주어진 공리로부터 명제를 추론하는 그 자신의 게임에 몰두합니다. 이들 각 학문은 그들만의 문제와 그 문제들을 풀 수 있는 그들만의 방법을 가지고 있으므로, 독립된 학문분야로 자리매김하고 있습니다. 이러한 관점에서 볼 때 통계학을 독립된 학문분야라고 말할 수 있습니까? 통계학이 해결하고자 하는 순수한 통계학만의 문제가 있습니까? 만약 없다면, 그것은 다른 학문들의 문제를 해결하는데 응용되는 일종의 예술이나 논리 혹은 기술입니까?

몇십 년 전만 하더라도, 통계학이라는 말은 자주 쓰이지 않았을 뿐만 아니라 정확히 이해되지 않는 단어였습니다. 통계학은 가끔 회의적 시각에서 평가되기도 했습니다. 행정상의 목적으로 자료를 수집하고 분류하기 위해 정부부처에 고용된 소수의 사람을 제외한다면 통계학자라고 불릴 수 있는 전문가는 없었습니다. 대학에는 통계학에 대한 정규적인 학위를 수여하는 체계적 과정이 없었습니다. 그러나 이제 상황은 완전히 바뀌었습니다. 사회의 모든 분야에서 많은 통계전문가를 필요로 하고 있습니다. 수많은 통계학자들이 정부, 산업체 혹은 연구기관에 종사하고 있습니다. 대학에서도 통계학을 하나의 독립된 학문분야로 가르치기 시작하였습니다. 이러한 일련의 현상들은 다음과 같은 질문을 제기합니다.

* 통계학의 기원은 무엇인가?
* 통계학은 과학인가, 기술인가 아니면 예술인가?
* 통계학의 미래는 어떻게 될까?

1.2 고대의 기록들

가장 오래된 통계 기록은 아마도 계산술이 완성되기 이전에 원시인들이 그들의 소 떼나 다른 소유물들을 계수하기 위하여 나무 위에 표시한 눈금일 것입니다. 인류가 독립적인 유랑생활을 청산하고 조직화된 공동사회를 이루었을 때 자료들을 수집하고 정보를 기록하는 필요성이 대두되었을 것입니다. 그들은 각자의 재산을 한데 모아 적절히 활용해야 했으며, 미래의 필요성에 대비하여 계획도 수립해야 했습니다. 그 후 왕에 의하여 지배되는 왕국이 세워졌습니다. 기록에 의하면 선세계의 모든 고대왕국의 통지자들은 왕국의 인적·물적 자원에 관한 세부자료를 수집하는 회계원들을 두고 있었습니다. 고대중국의 황제인 한(漢)고조 유방(劉邦)은 통계를 매우 중요하게 여긴 나머지 수상으로 하여금 통계를 책임지도록 하였는데 이러한 전통은 중국에서 오랫동안 지속되었습니다. 위기가 닥쳤을 때 얼마나 많은 건장한 사람들을 징병할 수 있으며, 백성들을 먹여 살리기 위하여 얼마나 많은 생필품이 필요한지를 파악하는 것은 그들의 큰 관심사였습니다. 그 외에도 재산이나 결혼에 관련된 법이 바뀔 때 못마땅해 할 소수민족들의 수는 얼마나 되고 그들은 얼마나 부유한지, 그들이 다스리는 지역과 이웃지방의 조세능력은 얼마나 되는지를 아는 것 등도 모두 그들의 관심사였습니다.

중국에는 하(夏)나라 때인 B.C. 2000년경에 인구조사를 실시했다는 기록이 전해지고 있습니다. 주(周)나라(B.C. 1111 - B.C. 211) 때는 통계업무를 전담하는 "쉬-수Shih-Su"(부기계원)라는 관직이 있었습니다. "쿠안 추Kuan Tzu"라는 책의 24장은 '질문Inquiry'이라는 제목인데 여기에는 국가통치에 관한 65가지 질문이 기재되어 있습니다. 예를 들면, 땅과 집을 소유한 가구수가 얼마나 되는가? 한 가정이 얼마만큼의 비축식량을 가지고 있는가? 홀아비와 과부, 고아, 불구자, 환자들은 몇 명이나 되는가?

구약성경 제4권 민수기(Numbers)편에는 B.C. 1500년경에 행해졌던 초기 인구조사가 언급되어 있는데, 그 내용은 모세에게 이스라엘의 용사들을 집계하도록 지시하는 내용입니다.

센서스Census라는 말 자체는 세금을 의미하는 라틴어 Censere에서 유래하였습니다. 로마의 인구조사는 제6대 황제인 세르비우스 툴리우스Servius Tullius (B.C. 578-534)에 의하여 그 틀이 갖추어졌습니다. 이러한 틀을 이용하여, 조세 징수와 전투에 동원할 수 있는 숫자를 결정할 목적으로, Censors라 불리는 로마관리들이 인구와 재산을 5년 간격으로 집계하였습니다. B.C. 5년에는 케자르 아우구스투스Caesar Augustus황제가 인구조사의 범위를 전 로마제국으로 확대하였습니다. 로마의 마지막 정규 인구조사는 A.D. 74년에 실시되었습니다. 로마제국 붕괴 이후 수세기 동안 서구에서 실시된 인구조사 기록은 없습니다. 오늘날 우리가 알고 있는 정규적 인구조사는 17세기에 가서야 시작되었습니다.

흥미로운 것은 오늘날 행정기록Administrative records 혹은 공식통계Official statistics라 불리는 매우 정교한 시스템이 인도에서는 이미 B.C. 300년 이전에 개발되었다는 것입니다. B.C. 321-300년경에 출판된 카우틸리아Kautilya가 지은 "아르타사스트라Arthasastra"라는 책에는(제5장 2.3절 참조), 자료의 수집과 기록에 관한 방법이 상세히 기재되어 있습니다. 고파Gopa라는 마을 회계원은 사람, 토지의 용도, 농산물 등에 관한 모든 기록들을 보존했습니다. "아르타사스트라"에 기록된 그의 임무는 다음과 같습니다.

또한 그들은 과세 혹은 비과세의 가구 수를 조사하였으며, 각 마을의 4개 카스트 신분에 속하는 모든 거주민을 기재하였을 뿐만 아니라 농부, 목동, 상인, 예술가, 노동자, 노예 그리고 두발짐승과 네발짐승의 숫자를 정확하게 파악하였다. 동시에 각 가구로부터 거두어들일 수 있는 노동력, 세금, 상납금 등의 양을 결정하였다.

모하메드Mohammedan 통치시절의 인도에서는 공식통계가 매우 중요한 위치를 점하고 있었다는 것을 최근에 알게 되었습니다. 이 시기의 자료로서 가장 잘 알려진 것은 앤-이-아크바리Ain-i-Akbari인데 이것은 아크바Akbar 황제 시절의 인도 행정통계 조사로서 재상 아불파즐Abul Fazl이 1596-1597년에 완성하였습니다. 이 자료에는 대제국에 관한 많은 정보들이 기재되어 있는데 그 가운데는 다음과 같은 기록도 있습니다.

3등급으로 구분된 땅에서 생산되는 31가지 농작물의 평균수확량; 19년에 걸쳐 수집한 7개 지방 50개 농작물의 수확량과 가격에 기초한 각 연도의 등급(1560-1561년부터 1578-1579년까지); 육군, 해군, 각종 노동자들, 마구간 일꾼 등의 하루 임금; 44가지 곡물, 38가지 야채, 21가지 고기와 사냥감, 8가지의 유제품, 기름, 설탕, 16가지 향료, 34가지 피클, 92가지 과일, 34가지 향, 24가지 직물, 39가지 비단, 30가지 면제품, 26가지 모직제품, 77가지 부기와 상식품, 12가시 배, 코끼리, 말, 낙타, 황소, 암소, 사슴, 보석, 30가지 건축자재, 72가지 종류의 나무 중량 등에 대한 평균 가격.

이 많은 자료들을 왜 그리고 어떻게 정리하였는지, 어떤 행정적 도구들이 사용되었는지, 자료의 완결성과 정확성을 기하기 위하여 어떤 예방책이 강구되었는지, 그리고 이 자료들이 어떤 목적으로 사용되었는지에 대하여는 명확히 알려져 있지 않습니다.

1.3 통계와 통계기구

통계Statistics라는 용어는 국가를 의미하는 라틴어 Status에 뿌리를 두고 있습니다. 그리고 18세기 중엽 독일학자 고트프리드 아켄발Gottfried Achenwall이 다음과 같은 의미를 부여하였습니다.

국가에 의한 자료의 수집, 처리, 이용.

폰 빌펠트J. von Bielfeld는 1770년에 출판된 그의 저서 '보편적 학식Elements of Universal Erudition'에서 통계를 다음과 같이 기술하고 있습니다.

세상 모든 국가들의 정치제도에 관하여 설명하는 과학.

브리태니카 백과사전Encyclopedia Britannica(1979년 제3판)에는 통계가 다음과 같이 기술되어 있습니다.

어떤 왕국, 지역, 혹은 교구의 개요를 설명하기 위하여 최근에 소개된 단어.

이 무렵, 통계라는 말 대신에 "Publicistics"라는 단어도 함께 사용되었으나 이 단어는 곧 없어지고 말았습니다. 말쿠스C.A.V.Malchus는 1826년에 출판된 그의 저서 "통계와 정치학Statistic und Staatskunde"에서 통계의 의미를 다음과 같이 확장시켰습니다.

현 상태 및 그 내부의 삶에 대한 조건과 전개에 대한 가장 완벽하고도 확실한 근거에 기초한 지식.

영국의 싱클레어John Sinclair 경은 1791-1799년에 간행된 일련의 저서에서 통계라는 단어를 사용하였는데, 그 저서의 제목은 "스코틀랜드에 대한 통계적 보고서: 스코틀랜드 주민들이 즐기는 행복의 양을 확인하기 위한 그 나라 상태에 대한 조사와 그 개선책"입니다. 그 당시 영국사람들은 싱클레어 경이 영어대신 독일어인 "통계Statistics"와 "통계적Statistical"이라는 단어를 쓴 것에 놀라움을 표시했다고 전해지고 있습니다.

이처럼 18세기의 정치적 산술가들에게 통계는 치국의 과학이었습니다. 즉, 통계의 기능은 정부의 눈과 귀가 되는 것이었습니다.

그러나, 우리가 수집한 원시자료는 대개 양이 너무 많고 정돈되지 않은 상태이므로, 이를 적절히 요약하여 그 내용을 쉽게 해석하고 정책결정을 위해 사용할 수 있도록 해야 합니다. 이러한 방향에서의 첫 시도가 런던의 상인 그란트 John Graunt(1620-1674)에 의한 사망명세표Bills of Mortality(사망자와 사망원인에 대한 목록)의 분석이었습니다. 그는 사망명세표를 분석한 후 팸플릿을 만들었는데, 이 팸플릿에서 사망명세표의 내용을 몇 개의 명쾌한 테이블과 간결한 문장으로 요약하였습니다. 그는 이 분석을 통하여 여러 질병의 상대적인 사망률에 관한 문제들과 런던의 도시지역과 교외지역의 인구증가율에 관한 유용한 결론을 얻었습니다. 또한 그는 생명표도 만들었는데 이 표는 인구통계학의 기초가 되었습니다. 이처럼 그란트는 통계학을 현재의 일상과 미래의 계획에 응용을 시도한 선구자였습니다.

그 다음으로 통계학을 일상에 응용한 사람은 벨기에 수학자 퀘틀레Adolphe Quetlet(1796-1874)입니다. 라플라스Laplace의 영향을 받은 퀘틀레는 확률을 공부했으며 통계학에서 흥미로운 분야를 개발하여 이를 일상에 응용하였습니다. 그는 사회분야의 각종 자료를 수집하여 정상적 법칙에 따라 도수분포를 작성하였습니다. 또한 1844년에는 신장에 관한 정상분포를 이용하여 프랑스에서 징병기피가 어느 정도 이루어지는가를 발견해 보임으로써 통계학에 대해 회의를 갖고 있는 사람들을 놀라게 했습니다. 징병소집에 응한 사람들의 신장에 관한 분포와 전체 인구의 신장에 관한 실제 분포를 비교하여, 약 2,000명이 신장을 작게 속여 징병을 기피했다는 사실을 밝혀냈습니다. 그는 또한 과거의 경향을 분석하여 미래의 범죄를 예측하기도 했습니다. 통계학에 관한 연구를 증진하고 정책결정에의 이용을 증대하기 위하여, 그는 배비지Charles Babbage(1792-1871)로 하여금 런던통계학회를 설립하도록 하였습니다(1834). 그리고 나서, 그는 1851년 런던에서 '수정궁박람회 Crystal Palace Expositions'를 개최하였는데, 이는 국제적 협력을 얻기 위한 포럼이었으며, 3년 뒤 브뤼셀에서 열린 제1차 국제통계총회International Statistical Congress(1854)로 발전하는 계기가 되었습니다. 그는 초대 회장으로서 통계자료의 수집과 관련하여 일관된 절차와 일관된 용어 사용의 필요성을 강조하였습니다. 퀴틀레는 통계학을 사회를 개선하는 도구로 완성시키고자 노력하였습니다. GNP, 성장지수, 인구증가율 등과 같은 경제학 및 인구 통계학의 현대적 개념은 퀴틀레와 그의 제자들로부터 나온 것입니다.

통계학이 '영국과학진흥협회British Association for the Advancement of Science'의 한 섹션으로 편입되고 1834년에 '왕립통계학회Royal Statistical Society'가 설립됨으로써 통계학은 비로소 과학으로 인정받게 되었습니다. 그때까지 통계학은 다음과 같이 인식되었습니다.

인간과 관련된 사실들로서, 얼마든지 확장시킬 수 있는 숫자들을 가지고 일반 법칙들을 표현할 수 있는 것.

19세기 초반 유럽의 급속한 산업화로 인하여 세인들의 관심은 인간의 주위환경과 관련된 문제들에 집중되기 시작하였습니다. 이 기간 특히 1830-1850년 경에 몇몇 국가에서 통계협회가 설립되었고 "사회의 환경과 번영을 설명하기 위한 사실들을 조사하고 정리하고 편찬하기 위하여" 수많은 국가들에서 통계청이 설립되었습니다. [1800년에 설립된 프랑스의 중앙통계청Central Statistical Bureau이 세계에서 최초로 설립된 것입니다.] 이러한 맥락에서, 성장에 필요한 요소들을 찾기 위하여 각 국가가 다른 국가들과 관련하여 어떻게 발전하고 있는 가를 조사하는 것은 당연한 일이었습니다. 이러한 유용한 분석적 연구를 위하여 각 국가들로부터 비교 가능한 자료를 수집할 필요가 있었습니다. 이러한 필요성을 충족시키기 위해서는 자료수집의 개념, 정의, 일관된 방법에 관한 합의가 필요하였고, 이는 정기적으로 국제회의를 개최함으로써 성취될 수 있었습니다. 결국 자료들을 더 잘 비교할 수 있게 되고 더욱 신속하게 수집하게 됨으로써 모든 미래 관측치들의 가치를 높일 수 있었습니다. 첫 번째 국제회의는 1853년에 브뤼셀에서 26개국 153명의 대표들이 참가한 가운데 열렸습니다. 그 후 일련의 다른 회의들이 계속하여 개최되었는데, 각 회의에서는 "공동의 목적을 위하여, 공동의 방법으로, 공동의 정신 하에, 공동의 연구"를 수행하기 위하여 각 정부와 국가들 사이의 합의의 필요성을 강조하였습니다.

통계학이 조사도구로서 유용하고도 발전된 학문이 되려면 국제협력이 필요한 것은 당연한 일이었습니다. 1853-1876년 유럽 각국에서는 경험을 교환하고 공통기준을 설정하기 위하여 수많은(약 10회) 통계 관련 국제회의가 개최되었습니다. 이러한 국제회의들의 유용성이 판명되면서, 1885년 런던통계학회 50주년 기념행사에서는 각 국제회의에서 결정된 사항들을 준수하고 향후 국제회의에 관한 계획을 수립하기 위하여 국제통계학회International Statistical Society를 설립하자는 의견이 제안되었습니다. 몇 차례의 토의 끝에 국제통계기구International Statistical Institute라는 명칭의 영구적 기구를 설립하기로 결정하였습니다. 그래서 ISI는 1885년 6월 24일에 탄생하게 되었습니다. ISI는 2년에 한번씩 회의를 개최할 것과, 회원자격, 협회지 발행 등에 관하여 규정하였습니다. 특히 강조한 것은 "통계보고서를 편집 요약하는 방법을 일원화하고, 정부로 하여금 문제해결시 통계학을 사용하도록 권장하는 것"이었습니다. 1913년에는 ISI의 출판물들을 관리하기 위하여 헤이그에 ISI 사무실이 영구 개설되었습니다.

ISI는 지난 100년 동안 그 활동영역을 상당히 넓혔습니다. ISI안에는 수리통계, 확률, 통계계산, 표본조사, 공식통계, 통계교육 등에 관한 별도의 학회가 구성돼 있습니다.

2. 불확실성 길들이기

제가 이미 언급한 것처럼 원래 통계학의 어원학적 의미는 자료를 수집하여 분류하는 행위 및 이를 정책수립과정에 이용하는 것입니다.

19세기 들어서 통계학은 새로운 의미를 갖기 시작했는데 그것은 자료의 해석 및 의사결정을 위한 정보의 추출입니다. 현재의 경향을 근거로 인구의 사회경제적 특성을 어떻게 예측할 수 있을까요? 정부에서 채택한 법률의 효과는 어떻게 나타날까요? 사회복지를 증진시키기 위해서는 정책결정을 어떻게 해야 할까요? 흉작을 막고 죽음과 재해를 줄이기 위한 시스템을 개발할 수 있을까요?

여기에 만족스런 답을 원하는 또 다른 질문들이 있습니다. 내일 비가 올까요? 현재의 따뜻한 기후가 얼마나 지속될까요? 과학적 수준에서 관측자료가 주어진 이론에 잘 부합할까요? 개인적인 차원에서는 다음과 같은 형태의 질문이 제기될 수 있습니다. 내가 선택한 직업에 대해서 어떤 전망을 가질 수 있을까요? 수익을 극대화하려면 어떻게 투자해야 할까요?

이러한 유형의 질문에 대한 해를 찾는데 있어서 가장 방해가 되는 것은 불확실성Uncertainty-원인과 결과사이의 1:1 대응관계의 결핍-입니다. 그렇다면 불확실성 하에서 어떻게 해야 할까요? 이러한 문제가 오랫동안 인류를 곤혹스럽게 해왔습니다. 불확실성을 통제하여 의사결정의 과학으로 개발하게 된 것은 단지 20세기 초입니다. 일상생활에서 우리를 당혹스럽게 하는 이러한 문제들에 대해, 그 해답을 찾는데 이처럼 오랜 시간이 걸린 이유는 무엇일까요? 이 질문에 답하기 위해, 문제를 해결하고자할 때나 새로운 지식을 창출하고자할 때 적용하는 논리과정 또는 추론 형태에 대해 알아보고, 지난 25세기 동안 변화한 우리의 사유구조변화에 대해 생각해 보겠습니다.

2.1 논리적 추론의 세 가지 유형

2.1.1 연역법 Deduction

연역적 추론은 2000년 전 그리스의 철학자들에 의해 소개되었으며 지난 수세기에 걸쳐 수학의 연구를 통해 완성되었습니다. 그 자체가 참인 전제Premises 또는 공리Axioms가 $A_1, A_2, A_3, \cdots$로 주어졌다고 합시다. 우리는 이 공리들 중 일부, 예를 들면 A_1, A_2를 이용하여 명제Proposition P_1을 증명할 수 있습니다. 명제 P_1이 참인가는 전적으로 공리 A_1, A_2가 참인가에 달려 있습니다. 이 논리 전개과정에서 다른 공리들을 명시적으로 사용하지 않은 사실은 아무런 문제가 되지 않습니다. 마찬가지로 공리 A_2, A_3, A_4를 사용하여 명제 P_2를 유도할 수도 있습니다.

연역적 추론에서는 전제이상의 어떠한 새로운 지식도 얻을 수 없습니다. 왜냐하면 유도된 모든 명제들은 공리들 속에 함축되어 있기 때문입니다. 공리들이나 이로부터 유도된 명제들은 현실과는 동떨어져 있는데 다음의 인용문들이 이를 특징적으로 보여줍니다.

수학이란, 우리가 지금 무엇에 대해 토론하고 있는지를 알지 못하는 학문이며,

우리가 말하는 것이 참인지 아닌지에 대해서도 별 관심이 없다.

- 러셀 Bertrand Russel

수학자는, 자기가 디자인한 옷을 입을 사람에 대해서는 전혀 관심이 없는 의상디자이너와 비교될 수 있다.

- 단찌히 Tobias Dantzig

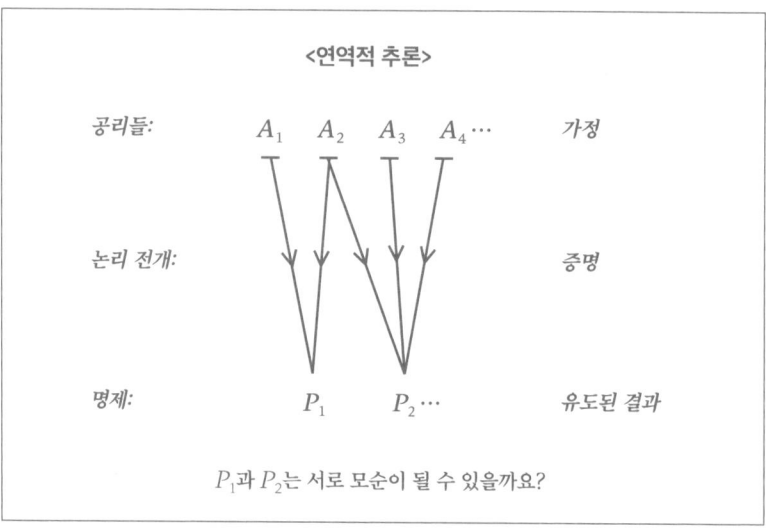

수학의 기본이 되는 연역적 논리가 "최고의 선"으로 생각되는 것은 논리적 결함이 없을 수 없습니다. 앞에서 보았듯이, 연역적 논리에서는 하나의 명제를 증명하기 위해 공리들의 일부를 사용하고 나머지 공리들을 사용하지 않는 것은 아무런 문제가 되지 않습니다.

그러면 다음과 같은 질문이 제기됩니다. 공리들의 부분집합 A_1, A_2가 명제 P를 함축하고, 다른 부분집합 A_2, A_3, A_4는 P를 부정하는 명제를 함축하는 경우가 가능할까요? 예를 들어, 가정 A_1, A_2는 삼각형의 내각의 합이 180도가 되는 것을 함축하고, 가정 A_2, A_3, A_4는 180도가 아닌 다른 값을 함축하는 것이 가능할까요? 수학의 공리들에서는 이러한 모순이 생길 수 없다는 것을 증명하기 위한 많은 시도들이 있었는데, 이 시도들은 결국 놀라운 결과들을 가져왔습니다. 유명한 수학논리학자인 괴델Godel은 정교한 논술로 매우 교묘한 증명을 세상에 제시하였습니다. 그에 의하면 일정한 공리들A given set of axioms을 근거로 하여 추론할 경우, 이 방식이 모순으로 귀결될 수 있다는 가능성에 대해 반증할 수 없다는 것입니다.

또한 만약 일단의 공리들A system of axioms이 명제 P뿐만 아니라 P의 부정명제를 허용한다면, 이 같은 일단의 공리들로부터는 우리가 원하는 어떠한 모순도 유도될 수 있다는 것이 입증되었습니다. 센테니얼리뷰지The Centennial Review 1958년 11호에 게재된 로날드 피셔Ronald Fisher 경의 기고문 "확률의 특성Nature of Probability"에서 한 일화를 인용하고자 합니다.

어느 날 저녁 유명한 영국의 수학자 하디G.H.Hardy는 캠브리지의 트리니티 대학에서 식탁에 앉아 이 놀라운 사실에 대해 얘기하고 있었습니다. 그 때 식탁 건너편의 누군가가 다음과 같은 질문으로 그에게 말을 걸었습니다.

아무개: 하디, 자네 말에 의하면 만약 내가 2 더하기 2가 5라 한다면, 자네는 자네가 원하는 어떤 다른 모순도 증명할 수 있단 말인가?

하디: 그렇게 생각하네.

아무개: 그러면 맥타가트McTaggart가 교황이라는 것을 증명해보게.

하디: 좋아. 만약 2 더하기 2가 5라면, 5는 4와 같다는 말이 되네. 만약 자네가 양변에서 각각3을 뺀다면 2는 곧 1과 같다는 말이 되지. 맥가가트와 교황은 둘이지만 둘은 하나가 되지. 그러므로 맥타가트는 교황이라네.

수학은 엄격한 규칙으로 하는 게임이지만 어느 날 모순된 문제들이 무더기로 발견될지는 아무도 모릅니다.

2.1.2 귀납법 Induction

귀납적 추론에 의한 논리전개는 연역법과는 다릅니다. 여기서는 결과가 주어졌을 때 그와 관련된 전제를 결정하는 문제를 만나게 됩니다. 그것은 바로 실제생활에서 불완전하고 조악한 정보를 토대로 의사결정할 때의 추론방식인 것입니다. 다음은 귀납적 추론이 필요한 사례들입니다.

특별한 상황에서 이루어지는 불확실성하의 의사결정
* 어떤 사건의 형사피의자가 과연 살인을 저질렀을까요?
* 특정남자가 자기 자식의 아버지라고 주장하는 한 여인의 주장은 사실일까요?

예측
* 월요일부터 금요일까지 스테이트 칼리지에 계속해서 비가 내리고 있습니다. 주말에도 계속해서 비가 내릴까요?
* 다우존스지수가 내일 얼마나 떨어질까요?
* 내년의 자동차 수요는 얼마나 될까요?

가설검정
* 두통을 없애는데 타이레놀이 버퍼린보다 더 좋을까요?
* 보리제품 시리얼을 먹으면 콜레스테롤이 감소할까요?

이러한 것들은 실생활에서 자주 나타나는 상황들로 불확실성 하에서 의사결정을 해야만 합니다. 이때 우리는 관측자료를 갖게 되는데, 이 자료는 가능성 있는 가설들 또는 가능성 있는 원인들 중의 하나로 인해 나타난 결과입니다. 즉, 자료와 가설 사이에는 1:1 대응관계가 성립하지 않습니다. 귀납적 추론은 주어진 자료에 하나의 가설을 짝지어 이를 일반화하는 논리과정입니다. 이러한 과정을 통하여 우리는 새로운 지식을 창조하지만, 자료와 가설사이에 1:1 대응관계가 결여돼 있기 때문에 이 지식은 불확실한 지식입니다. 연역적 추론이 주어진 공리로부터 이루어지는 추론인 반면에, 주어진 자료로부터 이루어지는 귀납적 추론은 이처럼 정밀함이 부족하여 이를 체계화하는 데 걸림돌이 있습니다. 연역적 논리에 익숙한 인간에게는 항상 정확한 결과를 제공하지 않는 이론이나 추론법칙을 개발하거나 도입한다는 것은 수용하기 힘든 일이었을 것입니다. 그래서 귀납적 추론은 오히려 개인의 기교나 경험, 직관에 따라 어느 정도 성공을 거둔 예술로 남아 있었습니다.

* 주어진 자료를 근거로 하여 가설들 중의 일부 또는 그 중의 하나를 선택할 수 있을까요?

* 정해진 법칙에 따라 특정가설 H_D를 선택했을 때 불확실성은 얼마나 될까요?

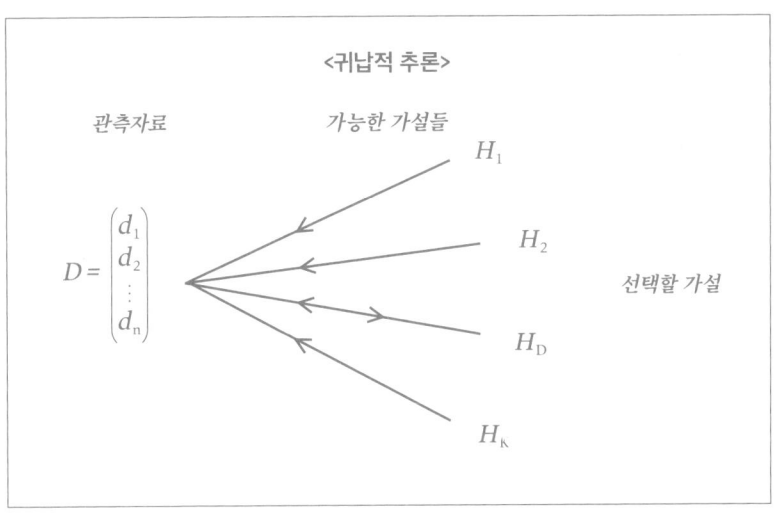

2.1.3 위기관리를 위한 논리방정식

획기적 변화가 온 것은 20세기 초반이었습니다. 앞에서 설명하였듯이 특정한 결과를 일반화한 법칙으로 창조된 지식은 불확실성을 내포하고 있지만, 그 속에 담긴 불확실성을 계량화한다면 종류가 다르긴 하지만 확실한(불확실성이 제거된) 지식이 된다는 것이 인식되었습니다. 이러한 새로운 패러다임은 다음의 논리방정식으로 표현됩니다.

$$\boxed{불확실성을\ 내포한\ 지식} + \boxed{불확실성의\ 계량화} = \boxed{사용\ 가능한\ 지식}$$

이것은 철학의 문제가 아닙니다. 이것은 새로운 사유방식입니다. 이것은 위기관리를 효율적으로 할 수 있게 해주며, 인간을 예언가나 점술가에 의지하지 않도록 해주는 기본적인 방정식입니다. 이것이야말로 다른 대책이 없을 때 의사결정을 합리적으로 함으로써 현재가 미래를 설명하도록 합니다.

* 불확실성 하에서 의사결정을 해야 하는 경우 오류는 피할 수 없습니다.
* 오류를 피할 수 없다면, 특정한 의사결정 방법(새롭지만 불확실한 지식의 창조)에 의해 오류를 얼마나 자주 저지르게 되는지를 아는 것(불확실성의 양에 대한 확인)이 필요합니다.
* 이런 방식에 의해 얻어진 지식은, 잘못된 의사결정의 빈도를 최소화시키는 또는 잘못된 의사결정에 의한 손실을 최소화시키는 새로운 의사결정의 법칙을 찾는 데 이용할 수 있습니다.

최적 의사결정으로 형식화된 문제는 이제 연역적 추론으로 해결할 수 있습니다. 이처럼 귀납적 추론은 연역적 논리방식의 영역 안으로 가져올 수 있습니다.

예를 들어 오늘날 일기예보가 어떤 형태로 이루어지는지 살펴봅시다. 전에는 일기예보를 할 때, '내일 비가 올 것이다' 또는 '내일 비가 오지 않을 것이다'와 같이 단언적인 서술방식을 사용했습니다. 이와 같은 예보는 대부분 틀립니다. 요즈음은 '내일 비 올 확률은 30%입니다'와 같이 예보하는데, 이는 애매하게 들릴 수 있습니다. 그러면 여기서 30%란 숫자는 어떻게 얻어졌을까요? 수학자인 내 친구 하나는 이렇게 말합니다. "텔레비전 방송국에는 10명의 기상관이 있는데 이들에게 내일 비가 올 것인지 아닌지를 물어서 이들 중 세 명이 비가 올 것으로 대답하면 '내일 비 올 확률이 30%입니다'라고 발표한다"는 것입니다.

물론 이 말은 틀린 이야기입니다. 이런 식으로 30%라는 숫자를 얻는 것이 아닙니다. 여기에는 보다 더 깊은 뜻이 있습니다. 과거의 자료를 토대로 하루 전날의 기상조건이 오늘과 같았을 때 그 다음날 비가 온 경우의 빈도를 나타냅니다. 그 숫자는 우리에게 내일 비가 올 것인지에 관한 불확실성의 크기를 말해주는데, 일기패턴에 관한 복잡한 모형과 대량의 관측자료를 토대로 하여 계산됩니다. 이런 의미에서 비가 올 확률로 표현하는 내일의 일기예보는 수학의 정리만큼이나 정교한 것으로서 한 개인이 다음날의 활동계획을 세우는데 필요한 모든 정보를 전달해 줍니다. 사람들은 각자 이 정보를 자기의 용도에 맞게 달리 이용할 것입니다. 불확실성에 관한 언급 없이 '내일 비가 올 것이다'라는 식의 단언적 일기예보는 실제적인 가치가 없습니다. 어떤 의미에서 그것은 비논리적입니다.

연역법과 귀납법 간에는 뚜렷한 차이가 있습니다. 연역적 추론에서는 하나의 명제를 증명하기 위하여 전제들의 부분집합A subset of premises을 선택할 수 있습니다. 귀납적 추론에서는 자료의 다른 부분집합을 사용하면Different subsets of data 결론이 달라지거나 때로는 모순된 결론에 도달할 수도 있으므로, 모든 자료를 필히 사용해야만 합니다. 필요한 경우 자료를 보완하거나 삭제하는 것은 추론의 절차에 의해 이뤄져야지 자료분석가의 취향에 따라 이뤄져서는 안됩니다.

표2.1 일기예보(불확실성의 계량화)

자료	가능성	확률
오늘의 기후조건	내일 비가 올 것이다	30%
	내일 비가 오지 않을 것이다	70%

통계학만 있으면 무엇이든 증명할 수 있다는 말을 하는데, 이는 자기가 마음에 품고 있는 어떠한 아이디어도 자료의 일부분을 선택하여 지지하게 할 수 있다는 것을 의미합니다. 이것이 바로 정치가들, 때로는 과학자들이 보편성이 없는 그들만의 생각을 강요하고자 할 때 하는 짓이며, 사업하는 사람들이 그들의 제품을 팔고자 할 때 조작하는 짓거리입니다.

귀납적 추론에서 주의해야 할 점이 또 한가지 있습니다. 그것은 주어진 자료만을 사용해야 한다는 것입니다. 즉, 입증되지 않은 가정이나 사적인 감정 또는 생각을 개입시켜서는 안됩니다. 여기 한 예가 있습니다. 자기가 살고 있는 궁전에는 시녀들만이 일하고 있다고 믿은 한 왕자의 딱한 처지를 보여 주는 사건입니다.

한번은 왕자가 그의 영토를 돌아보던 중, 환호하는 군중들 속에서 그와 무척 닮은 사람을 발견하고는 다음과 같이 물었습니다.

"너의 어머니가 왕궁에서 일한 적이 있느냐?"

그 남자는 대답하였습니다.

"아닙니다. 하지만 저의 아버님이 일한 적은 있습니다."

2.1.4 외전(外轉)Abduction

때로는 어떠한 데이터베이스도 없이 직관이나 번뜩이는 상상력에 의해 새로운 이론이 제안되기도 하는데, 이를 논리적 용어로는 외전Abduction이라고 합니다. 그러한 이론들은 나중에 실험을 통하여 입증됩니다. DNA의 이중나선형구조, 상대성이론, 빛의 전자기이론 등이 유명한 예입니다.

귀납법과 외전법의 차이는 약간 미묘합니다. 귀납법에서는 실험자료와 그 분석을 통하여 통찰력을 갖게 됩니다. 그러나 새로운 지식을 창조하는 궁극적 단계에서는 어느 정도 과거의 경험과 상상력에 의존하게 됩니다. 이것 때문에 모든 귀납법은 외전법과 같다는 생각을 갖게 합니다.

요약해서 말하자면 지식의 진보는 이러한 논리적 과정들을 통하여 이루어지는 것입니다.

귀납법: 관측자료에 근거한 새로운 지식의 창조

외전법: 데이터베이스 없이 직관에 의한 새로운 지식의 창조

연역법: 제안된 이론들의 입증

2.2 불확실성을 어떻게 계량화할 것인가?

귀납적 추론을 체계화하는 주요 개념은 <표2.1>에서 설명한 일기예보의 경우에서처럼 불확실성의 계량화입니다. 이전의 관측치들을 근거로 하여 내일 비올 확률 30%를 얻습니다. 그러나 이런 작업을 위한 명백한 방법이 없기 때문에 이 문제는 많은 논쟁거리가 되고 있습니다. 불확실성을 계량화하는 방법에 따라 각기 다른 통계학파가 생겨났습니다.

불확실성을 계량화하기 위한 첫 번째 시도는 토마스 베이즈Thomas Bayes(?-1761)에 의해 이뤄졌는데, 그는 59세에 사망했다고 전해지고 있습니다.[그의 출생년도는 알려져 있지 않음.] 그는 가능한 가설들에 대한 사전분포Prior distribution의 개념을 도입했는데, 이 사전분포를 이용하여 자료를 관측하기 전에 각 가설들에 대한 신뢰정도를 나타낼 수 있습니다. 사전분포는 $p(h)$로 표기하며 주어진 것으로 간주합니다. 가설 (h)이 주어졌을 때 자료 (d)의 확률분포 $p(d|h)$를 알면, 사전분포와 함께 관측자료에 대한 전체 (주변) 확률분포 $p(d)$를 구할 수 있습니다. 그러면 자료가 주어졌을 때 가설들에 대한 조건부 확률분포를 다음 식과 같이 계산할 수 있는데, 이를 베이즈 정리라고 합니다.

$$p(h|d) = \frac{p(h)\,p(d|h)}{p(d)}$$

위 식에서 $p(h|d)$를 사후분포Posterior distribution라 하는데, 이는 관측자료를 고려한 가설들의 불확실성 분포를 나타냅니다. 여러 가설들에 대한 사전지식과 관측자료로부터, 가능성 있는 가설들에 대한 새로운 지식을 얻게 되었습니다.

확률이론을 귀납적 추론의 도구로 이용할 때, 베이즈 정리는 착상이 뛰어난 시도입니다. 그러나 몇몇 통계학자들은 - 사전분포를 과거에 관측된 증거에 근거하여 객관적으로 선택하지 않고 개인의 믿음이나 사후분포 계산에 있어서 수학적으로 편리하기 때문에 선택한다면 - 이러한 사전분포 $p(h)$의 도입에 대해서는 부자연스럽게 여기고 있습니다. 사전분포를 사용하지 않고 추론할 수 있는 이론을 개발하기 위한 많은 시도들이 있었는데, 그러한 시도를 한 사람들은 현대 통계학의 창시자라 할 수 있는 피어슨 K.Pearson(1857.3.27 - 1936.4.27), 피셔R.A.Fisher(1890.2.17 - 1962.7.29), 네이만J.Neyman(1894.4.16 - 1981.8.5), 피어슨E.S.Pearson(1895.8.11 - 1980.6.12), 왈드A.Wald(1902.10.31 - 1950.12.13) 등입니다.

이러한 방법들은 논리적으로 어려움이 있습니다. 그러나 논리적 방법론이 완벽하지 못하다고 해서 자연의 신비를 벗기고 일상의 의사결정을 하는 데 통계학의 이용을 막지는 못했습니다. 그 상황은 의학분야에서와 비슷합니다. 환자에게 이용가능한 약을 처방할 때, 그 약이 이상적인 처방약이 아닐지라도 또는 부작용이 있거나, 드물긴 하지만 임상실험을 통해 약효가 완전히 판명되지 않았다 하더라도 처방을 주저하지 않습니다. 그러나 새로운 약을 만들려고 하는 노력은 계속합니다. 20세기 전반에 개발된 추정, 가설검정, 의사결정 등을 위한 통계학의 방법론은 인간활동의 많은 분야에서 널리 응용되었으며, 불확실성을 다루기 위한 새로운 도구의 개발 필요성이 급격히 증가하고 있습니다. 통계학은 도처에서 20세기에 이뤄진 기술이나 과학적 발명을 가속화시켰으며 새로운 지식에 이르는 문을 열어 놓았습니다.

불확실성을 수량화함으로써 우리는 "예" 혹은 "아니오"와 같은 두 가지만의 선택에 근거한 고전적 혹은 아리스토텔레스식 논리방식을 가지고는 해결할 수 없는 새로운 문제들을 제기할 수 있으며, 또한 실제적 적용을 위한 방법들을 제공할 수 있습니다. 우리는 불학실성을 조정, 축소시키고 더욱이 불확실성을 의사결정시 고려함으로써 개인이나 기업의 활동을 최적상태로 이끌 수가 있습니다. 약 3백년 이전에 데카르트Descartes(1596-1650)는 다음과 같이 지혜로운 말을 하였습니다.

무엇이 진실인지 알 수 없을 때는 가장 그럴듯한 것을 따라야 한다.

이처럼 자료로부터 정보를 추출하여 추론을 하는 새로운 학문분야가 탄생하였으며, 통계학의 범위는 단순한 자료의 의미에서 자료의 해석이라는 의미로 확대되었습니다.

요약하자면, 우연성이란 더 이상 우려의 대상이나 무지의 표현이 아닙니다. 그것은 오히려 지식을 표현하는 가장 논리적 방법입니다. 우리는 불확실성을 절충할 수 있게 되었고 그 존재를 인식하여 그것을 측정할 수 있게 되었으며, 불확실성의 존재에도 불구하고 지식의 발전과 적절한 활동이 가능하다는 것을 보일 수 있게 되었습니다. 콕스David Cox 경은 다음과 같이 말합니다.

불확실성을 인정한다고 해서 이것이 허무주의를 뜻하는 것은 아닙니다.

또한 미국인들이 때때로 즐겨 쓰는 한손잡이의 불리함으로 몰지 않습니다.

아마도 우연성은 모든 법칙과 대치된다고 할 수 있을 것입니다. 그러나 그 돌파구는 오히려 우연성들을 발견하는 것입니다. 우리는 여러 발생 가능한 경우들을 살펴보고 각 경우들의 발생확률을 불확실성의 측도로 나타냅니다. 각 사건들에 대한 가능한 결과들과 발생확률을 앎으로써 불확실성 하의 의사결정은 연역적 논리에 의한 문제가 됩니다. 불확실성은 이제 더 이상 아무 의미도 없는 그런 문제가 아닙니다.

3. 통계학의 미래

통계학이란 자료로부터 해답을 이끌어내는 처방전이라기보다 사고하는 방식 또는 추론하는 방식을 의미한다고 보는 것이 더 적절하다.

오늘날 연구되고 실제 응용되는 것으로 보아 통계학은 과학입니까, 기술입니까 아니면 예술입니까? 아마도 통계학은 이것들의 혼합체일 것입니다.

기본원리들로부터 수많은 기법들이 유도되어 자신만의 정체성을 가지고 있다는 의미에서 통계학은 과학입니다. 그러나 이러한 기법들은 획일적인 방법으로 사용될 수 없습니다. 사용자는 주어진 상황에 맞는 올바른 기법을 선택하기 위하여, 필요하다면 변형을 가하기 위하여, 이에 필요한 전문지식을 습득해야만 합니다. 응용과학에서 경험적 법칙을 만들 때 통계학은 중요한 역할을 담당합니다. 더 나아가 통계학의 기반-불확실성을 계량화하고 표현하는 방법- 과 연결된 철학적 문제들이 있는데, 이는 어떤 주제와도 독립적으로 토의될 수 있는 문제들입니다. 이처럼 넓은 의미로 볼 때 통계학은 독립된 학문분야이면서도 모든 학문분야에 응용되는 학문이라 할 수 있습니다.

산업생산 현장의 품질관리 프로그램에서 볼 수 있는 것처럼, 일정 수준의 정밀도와 작업의 안정성을 유지하기 위하여 통계적 방법론이 어떤 운영체계에 응용된 경우, 통계학은 기술로 볼 수 있습니다. 또한 통계적 방법들을 통하여 불확실성을 조절하고 감소시키고 적절히 고려할 수 있으며, 이로 인해 개인과 기업의 노력에 대한 효율을 극대화 할 수 있습니다.

또한 통계학은 예술이라고도 할 수 있습니다. 왜냐하면 귀납적 사고방식에 의존하는 통계학의 방법론은 완전하게 체계화되지 않아서 논쟁의 여지가 많기 때문입니다. 같은 자료를 가지고 작업하더라도 통계학자에 따라 서로 다른 결론을 이끌어 낼 수 있습니다. 주어진 자료에는 대개 통계적 도구로 이끌어낼 수 있는 것보다 더 많은 정보가 그 안에 있습니다. 자료에 담긴 숫자들로 하여금 그들 스스로의 이야기를 말하도록 하는 것은 통계학자의 기술과 경험에 좌우되는데 이것이 바로 통계학을 예술로 만드는 것입니다. 그러한 예를 레드포트 이야기Red Fort Story에서 찾아 볼 수 있습니다(제5장 2.14절 참조).

그러면 통계학의 미래는 어떤 것일까요? 현재 통계학은 메타과학Meta science 으로 발전하고 있습니다. 통계학의 목적은 다른 과학분야에 논리와 방법론을 제공하는 것입니다. 즉, 의사결정 논리와 실험의 논리를 제공하는 것입니다. 통계학의 미래는 다른 학문분야의 연구가들과 통계학자들 사이에 이뤄지는 통계적 아이디어의 적절한 의사소통에 달려 있습니다. 또한 그것은 핵심적인 문제들이 다른 지식분야에서 어떻게 형성되는가에 달려있습니다.

논리적 측면에서 볼 때 통계학의 방법론은 그 사용범위가 더욱 확장되었습니다. 통계학은 불확실성을 측정할 때 자료에서 얻어지는 정보뿐만 아니라 보다 전문적인 증명을 위하여 이용되고 있습니다.

이제까지 통계학을 과학, 기술 그리고 예술이라 하였는데 - 불확실성을 다루고 현명한 의사결정을 위해 새롭게 개발된 논리 - 미래의 통계학 발전에 있을 수 있는 위험성을 한가지 지적해야겠습니다. 저는 앞에서 통계적 예측은 틀릴 수도 있지만 그 예측의 대부분은 육감이나 미신적인 믿음에 의존하는 것이 아니라 통계적 예측치에 의존하여 얻어지는 것이라고 말했습니다. 당신이 누군가를 위하여 예측하였는데 그 예측이 틀렸다고 그 사람이 당신을 고소할 수 있겠습니까? 최근 이와 관련된 몇 가지 법정사건이 있습니다. 여기서 저는 1986년 5월 24일 토요일판 피츠버그프레스The Pittsburgh Press의 사설을 인용해 보겠습니다. 그 제목은 "일하기가 한결 수월해진 기상관들Forecasters Breathe Easier"입니다.

연방고등법원은 일기예보와 관련하여 취해진 부당한 정부책임을 시정하였다.

지난 8월, 한 지방법원 판사는 예측하지 못한 태풍으로 익사한 3명의 어부들 유족들에게 정부가 125만 달러를 지불하도록 판결하였다. 그 판결내용은 정부가 케이프 코드Cape Cod 부근의 날씨를 예측하는데 쓰이는 바람감지기를 신속히 수리하지 않았기 때문에 익사의 책임이 있다는 내용이었다.

이 판결은 후에 항소심에서 번복되었는데, 그 이유는 일기예보란 "정부의 자유

재량적 기능이므로 거기에 전적으로 의존해서는 안 된다"는 것이다.

"일기예보는 자주 틀립니다"라고 연방고등법원은 말했다. "만약 피해를 입는 소수의 당사자들이 전문가를 양성하여 정부가 일을 더욱 잘 수행했어야 할 것이라고 판사를 설득하게 된다면", 정부의 책임은 "무한하며 unlimited 또한 감당할 수 없는 intolerable 것"이 될 것입니다.

이 사건은 여기서 끝나지 않고 아마 대법원에 상고될 것으로 보입니다. 그러나 비(非)결정적 과학 Inexact science을 수행하는 정부의 기상관들은 일하기가 한결 수월해졌습니다. 이러한 사례는 드물 것입니다. 그러나 이 같은 경우들은 통계상담가들이 새롭고도 더욱 도전적인 분야를 개척하는데 방해가 될 뿐만 아니라 통계학의 영역을 확장하는데도 제약을 줄 것입니다.

제3장

자료분석의
원칙과 전략
: 자료의 교차 분석

1. 자료분석의 발전역사

자료! 자료! 그는 성급하게 외쳤다.

나는 진흙이 없이는 벽돌을 만들 수 없어.

도일*Conan Doyle* - 구릿빛 너도밤나무*The Copper Beeches* -

통계분석의 목적은 예전과 변함없이 "자료로부터 정보를 추출하는 것" 또는 "요약하고 발표하는 것"이지만 통계분석의 기법은 시대에 따라 변해 왔습니다. 통계학은 그 기반에 대해 완전히 합의된 안정적인 학문분야로 자리잡을 만큼 성숙하지는 못했습니다. 한때 어떤 방법론이 유행하다가 시간이 흐름에 따라 더 세련되어 보이는 다른 방법론으로 대체됩니다. 하지만 논란에도 불구하고 통계학적 방법론과 응용영역은 확장되어 나가고 있습니다. 그래픽기능을 함께 지닌 컴퓨터는 자료분석에 큰 영향을 미쳤습니다. 이러한 자료분석의 발전역사를 간단히 고찰해 보는 것은 매우 의미 있는 일이라 하겠습니다.

기술통계학*Descriptive statistics*과 이론통계학*Theoretical statistics*을 각각 별개의 방법론을 지닌 서로 다른 통계학의 영역으로 생각하는 것은 일반적 견해입니다. 전자는 주어진 자료를 일정한 "기술통계적" 관점에서 요약하는 것이 목적입니다. 예를 들면 위치나 산포의 측도 또는 고차 적률*Moment*이나 지수*Index*와 같은 자료의 특성값들을 계산하거나, 히스토그램, 막대그림표, 상자그림표, 2차원그림표 등과 같은 그래프를 통하여 자료의 뚜렷한 특징을 나타내는 것입니다. 여기서는 관찰된 자료에 대한 확률적 메커니즘(혹은 확률분포)에 대하여는 아무런 언급이 없습니다. 그러므로 계산된 기술통계량들은 서로 다른 자료집합들을 비교하기 위해 사용됩니다. 또한 평균, 중앙값, 최빈값과 같은 통계량들 중에서 어떤 것을 선택할 것인가에 대한 몇 가지 규칙들이 있는데, 이는 자료의 특성과 어떠한 성격의 질문인가에 따라 달라집니다. 이러한 통계적 분석을 기술적 자료분석*Descriptive data analysis*(DDA)이라고 부릅니다. 이론통계학도 그 목적은 역시 자료의 요약에 있지만 그것은 자료가 얻어진 모집단의 확률분포와 관련이 있습니다. 이러한 경우의 요약통계량 또는 기술통계량들은 특정한 확률모형에 크게 의존하며, 그들의 분포는 미지의 모수Unknown parameters에 대해 추론할 때 불확실성의 정도를 나타내기 위하여 사용됩니다. 이러한 방법론을 추론적 자료분석Inferential data analysis(IDA)이라고 합니다.

칼 피어슨Karl Pearson (K.P.)은 DDA와 IDA 사이의 차이를 메꾸기 위하여 노력한 최초의 사람이었습니다. 그는 분포 속에 숨어있는 특징들을 추론해내기 위하여 적률과 히스토그램에 근거한 기술적 분석을 이용했습니다. 이러한 목적을 위하여 그는 아마도 가장 중요한 검정기준인 카이제곱 통계량을 최초로 만들어 냈는데, 이는 주어진 자료가 특정한 분포에서 나온 것인지 또는 주어진 가설과 일치하는지를 검정하기 위한 것으로써 "이제까지와는 다른 새로운 종류의 의사결정방법"이었습니다. [해킹Hacking(1984)은 K.P.의 카이제곱을 1900년이래 과학과 기술분야에서 이룩한 위대한 20개 발견[3] 중의 하나로 꼽았으며, K.P.와는 성격이 완전히 다른 피셔R.A.Fisher (R.A.F.)조차도 저자와의 개인적인 대화 중에 K.P.의 카이제곱 검정을 높이 칭찬하였습니다.] K.P.는 또한 네 개의 적률로 구분할 수 있는 많은 확률분포를 만들어 냈습니다. K.P.가 막대그래프와 카이제곱 검정을 사용하여 이룩한 훌륭한 연구업적은 '어떤 동물들에게서 발견된 편모층의 크기가 혼합 정규분포에 따른다'는 사실을 발견한 것입니다(피어슨, 1914, 1915 참조).

추정을 위한 일반적 방법의 개발 필요성은 모집단의 분포가 특정한 모수적 분포군에 속하는가(복합가설)를 검토하기 위해 카이제곱 검정을 적용할 때 대두되었습니다. K.P.는 적률을 사용하여 모수를 추정한 후, 적합된 분포에 근거하여 카이제곱 검정을 할 것을 제안하였습니다. 그 후 R.A.F.는 최우법으로 미지의 모수들을 추정함으로써 주어진 자료들에 대한 적합도를 향상시켰으며, 아울러 미지의 모수들을 추정할 때 자유도의 개념을 도입하여 카이제곱 검정을 좀 더 정확하게 사용하도록 함으로써 K.P.의 이론을 좀 더 세련된 형태로 다듬

---

3 위대한 20개 발견은 특별한 순서없이 다음과 같다. 플라스틱, IQ검사, 아인슈타인의 상대성이론, 혈액형, 살충제, 텔레비전, 식물재배, 네트워크, 항생물질, 타웅 두개골, 원자핵분열, 빅뱅이론, 산아제한약, 정신질환약, 진공관, 컴퓨터, 트랜지스터, 봉계낭(신실된 깃과 우연성에 의한 것), DNA, 레이저

었습니다.

1920년대와 1930년대를 거치면서 R.A.F.는 수많은 통계적 아이디어들을 제시하였습니다. 그는 1922년에 발표한 논문에서 자료를 특정한 확률모형을 통하여 분석하는 "이론통계학"의 기초를 세웠습니다. 그는 정규성 가정 하에서 다양한 가설들에 대한 정확한 소표본 검정법들을 개발하였으며, 아울러 특정 임계치(보통 5%와 1%의 임계치)에 대한 표를 만들어 이 표와 함께 그 검정법들을 사용하도록 하였습니다. 이 기간에는 R.A.F.의 영향으로 유의성검정 Tests of significance이 크게 강조되었으며, 확정 표본이론Exact sampling theory에 관한 수많은 논문들이 호텔링Hotelling, 보즈Bose, 로이Roy, 윌크스Wilks 등에 의하여 발표되었습니다. 원래 K.P.가 생각했던 모형설정Specification에 관한 문제를 R.A.F.는 그의 1922년 논문에서 통계학의 중요한 일면으로 언급하였으나, 그는 이 문제를 더 이상 연구하지는 않았습니다. 아마도 R.A.F.가 생물학적 연구를 수행하는 과정에서 발생된 소규모 자료들에는 모형설정에 관한 문제를 연구할 수 있는 영역이 그리 많지 않았을 것입니다. 자료의 특징적인 유형을 찾거나, 자료를 일정한 확률모형에 끼워 맞추기 위한 적절한 자료변환을 경험적으로 결정하기 위해, 관측자료들을 세밀하게 기술적으로 분석해야하는 영역 또한 많지 않았을 것입니다. R.A.F.는 모형을 설정할 때 그 자신의 경험과 자료들을 어떻게 조사할 것인가에 관한 외부정보를 이용하였습니다.[빈도의 추정에 관한 확인방법의 효과에 관해서는 R.A.F.(1934)의 고전적 논문을 참조.] R.A.F.에 의해 통계적 발전이 이루어진 이 시기에, 또 다른 사람들은 검정통계량의 분포가 모집단의 확률모형과 독립인 비모수적 검정법을 찾으려고 시도하였으며(피트만Pitman, 1937), 모집단의 분포가 정규분포로부터 벗어났을 때 R.A.F.가 제안한 검정기준이 얼마나 로버스트Robust한가에 대하여 연구하였습니다.

1920년대와 1930년대에는 또한 R.A.F.에 의해 소개된 실험설계를 통하여 자료수집에 관한 체계적 발전이 이루어졌는데, 실험설계에서는 분산분석을 통해 자료를 특별한 형태로 분석할 수 있게 되었으며 이를 의미 있는 방식으로 해석할 수 있게 되었습니다. 설계는 분석을 낳고, 분석은 또 다른 설계를 낳게 됩니다.

초창기에 이뤄진 많은 통계학 연구들은 주로 생물학분야에서 발생되는 문제들에 응용된 것들이었지만, 산업생산분야에서도 통계학이 조금씩 이용되기 시작하였습니다. 슈하트Shewhart(1931)는 생산과정에서의 변화를 감지하기 위한 목적으로 제어차트를 통한 간단한 그래픽과정을 소개하였는데, 이것은 아마도 특이점Outliers과 변화점Change points 검출에 대한 최초의 논문일 것입니다.

R.A.F.가 제안한 대부분의 방법론들은 직관에 기초한 것으로서, 추정이론에서의 몇 가지 기본적인 아이디어를 제외하고는 통계적 추론에 관한 체계적 이론이 이용될 수 없었습니다. R.A.F.는 일치성, 효율성, 충분성의 개념을 도입했으며 추정에서 최우법을 소개하였습니다. 1928년에는 네이만J.Neyman과 피어슨E.S.Pearson(1966년도 그들의 논문 참조)이 적절한 통계적 방법-특히 가설검정분야에서-들을 이끌어내기 위한 일종의 공리적 장치를 제시하였는데, 이는 월드Wald(1950)에 의해 의사결정이론으로 더욱 더 보강되었습니다. R.A.F.는 네이만과 월드의 아이디어가 기술적 응용분야Technological applications에서는 그의 방법론보다 더욱 적절하다는 것을 인정하면서도, 과학적 추론에서는 그의 방법론이 더욱 적절하다고 주장하였습니다. 그러나 네이만과 월드는 그들의 이론이 범용적 정당성을 갖는다고 주장했습니다. 월드는 또한 표본검사에 응용하는 축차방법론을 소개하였는데, 이 방법론은 R.A.F. 역시 생물학분야에서 응용할 수 있다고 생각했던 것이었습니다. [R.A.F.는 국제통계기구ISI에서 행한 연설에서 슈하트의 제어차트, 월드의 축차표본추출, 그리고 표본조사를 통계적 방법론에 있어 중요한 세 가지 발전으로 언급하였습니다.]

1940년대에는 표본조사 방법론이 개발되었습니다. 이것은 무작위로 선출된 개인들로부터 특정문제들에 관한 정보를 이끌어 내기 위해 방대한 양의 자료를 수집하는 방법입니다. 표본조사에서는 정확도(불편성, 기록오차 및 응답오차의 제거)와 자료의 상응성(조사자들과 조사방법들 사이)이 가장 중요한 요소로 대두됩니다. 마할라노비스Mahalanobis(1931, 1944)는 조사작업에 있어서 그러한 오차는 피할 수 없으며 오히려 표본오차Sampling errors보다도 더욱 심각할 수 있다는 것을 인식한 최초의 사람이었습니다. 조사를 설계하는데 있어서 이러한 오차를 조정하고 찾아내기 위한 조치가 필요하며, 수집된 자료에서 커다란 오차들(특이점들)이나 일관성이 없는 수치들을 검출할 수 있는 적절한 점검프로그램을 개발해야 합니다.

우리는 지금까지 통계학의 두 가지 분류로 볼 수 있는 기술통계학과 추측통계학에 대하여 간단히 토론하였으며, 아울러 통계분석에 의해 추론된 결과를 손상시킬 수도 있는 자료의 결함들을 제거해야 할 필요성에 대해서도 언급했습니다. 아마도 그 당시 필요했던 것은 통합적 접근방식이었을 것입니다. 이런 접근방식을 통해 주어진 자료와 그 자료가 가진 결점 및 특징들을 적절히 이해할 수 있으며, 자료분석을 위해 적합한 확률모형을 선택할 수 있습니다. 이 방면에서의 큰 진전은 투키Tukey(1962, 1977), 모스텔러Mosteller와 투키(1968)에 의하여 이루어졌으며 그들은 탐색적 자료분석Exploratory data analysis(EDA)이라는 자료분석 방법론을 개발하였습니다. EDA의 기본철학은 자료의 특징을 이해하는 것이며 또한 그 자료에 대하여 여러 가지 가능한 확률모형을 수용할 수 있도록 로버스트한 절차를 사용하는 것입니다. 피셔는 특정한 확률모형에 대하여 어떠한 요약통계량들이 적합한가를 묻는 반면, 투키는 주어진 요약통계량에 적합한 확률모형들이 무엇인가를 물었습니다. 또한 채트필드Chatfield(1985)의 초기자료분석Initial data analysis이라는 것을 참고할 수 있는데, 이것은 상식과 경험에 기초한 확장된 형태의 기술적 자료분석과 추론으로써 전통적인 통계방법론을 최소한으로 사용하는 것입니다.

통계적 자료분석의 흐름도는 <차트1>과 같습니다. 이것은 방대한 크기의 자료들을 분석하면서 얻은 저의 경험에 기초한 것인데, K.P.의 기술적 자료분석, 피셔의 추론적 자료분석, 투키의 탐색적 자료분석, 그리고 마할라노비스의 비표본오차Non-sampling errors 처리방식을 결합한 것으로 볼 수 있습니다.

<차트1>에서, 자료는 기록된 측정치들(혹은 관측치들)의 전체집합을 나타내는데 사용됩니다. 이것은 또한 실험이나 표본조사 혹은 과거 기록들에 의하여 측정치나 관측치들이 어떻게 얻어지는가를 표현하는데 사용됩니다. 아울러 관측치들을 기록할 때 사용되는 운영절차를 표현하는데도 사용되고, 자료와 관련된 확률모형 또는 자료의 특성에 관한 사전정보(전문가 의견 포함)를 표현하는데도 사용됩니다.

자료의 교차분석Cross-examination of data(CED)은 탐색적으로 이뤄지는

자료분석의 초기작업입니다. CED를 통해 자료의 특성을 이해하고, 측정오차나 기록오차 또는 특이점을 찾아내고, 사전정보의 정당성을 검증하며, 자료들이 진짜인지 아니면 위조된 정보인지를 가려냅니다. 이러한 초기연구는 특정 모형의 정당성을 검증하거나 혹은 추가적인 자료분석을 위하여 더욱 적절한 확률모형을 선택하는데 필요한 작업입니다.

차트1 통계적 자료분석의 개요

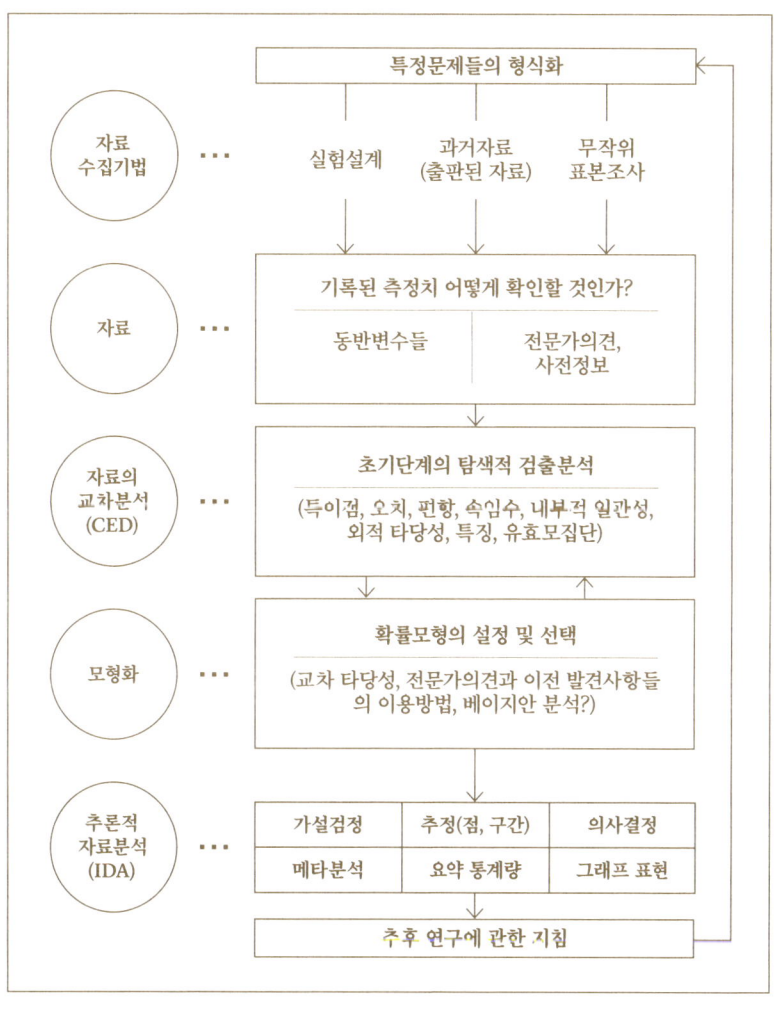

추론적 자료분석(IDA)은 선택된 확률모형에 기초하여 이루어지는 추정, 예측, 가설검정, 의사결정 등에 관한 모든 통계적 방법들을 나타냅니다. 자료분석의 목표는 단지 특정질문에 관한 해답만을 구하는 데 국한해서는 안되고, 그 자료로부터 얻을 수 있는 모든 정보를 이끌어내는 것이어야 합니다. 자료들은 가끔 새로운 수준의 연구를 암시하거나, 추후의 실험설계 혹은 자료수집을 위한 표본조사를 질적으로 향상시킬 수 있는 귀중한 정보들을 함유하고 있는 경우가 있습니다. 저는 다음과 같은 근본적인 등식으로 자료분석의 주요 원리를 표현하고 싶습니다.

| 자료분석 | = | 특정질문에 응답 | + | 새로운 수준의 연구에 관한 정보제공 |

<차트1>에서 CED와 IDA를 각각 다른 방법론을 갖는 별개의 범주로 생각해서는 안됩니다. 이것은 단지 자료가 제시되었을 때 우리들이 어떻게 시작해야 하며, 실제 응용분야에서 최종 결과가 어떤 형태로 표현되고 이용되어야 하는가를 보여줄 뿐입니다. IDA의 몇몇 결과들은 추후 또 다른 CED를 필요로 하며, 그것은 또다시 IDA에 변화를 줄 수 있습니다.

자료분석에서 지켜야 할 중요한 사항은 현재의 자료나 과거의 경험에 의해 지지 받지 못하는 어떠한 외부로부터의 가정도 입력자료로 사용되어서는 안 된다는 것입니다. 자료분석에서 전문가 의견이 어떤 역할을 하는가에 대해 질문이 제기된 적이 있습니다. 나의 대답은 이렇습니다.

그들이 옳으면 이득을 보되 틀려도 손해보지 않을 만큼 전문가의 의견을 참고하십시오.

따라서 조사를 계획하는 단계나 실험을 설계하는 단계에서는 전문가의 의견이 유익할 것입니다.

2. 자료의 교차분석 Cross-examination of data

숫자들은 거짓말을 하지 않는다. 그러나 거짓말쟁이들은 숫자로 나타낸다.

- 그로스베너 Charles H. Grosvenor

통계학자들은 가끔 다른 사람들이 수집한 자료를 가지고 작업을 해야 합니다. 이때 통계학자들이 해야할 첫 번째 일은, 피셔가 말한 것처럼, 자료의 교차분석 Cross-examination of data(CED)을 통해 자료를 의미 있게 분석하고 그 결과들을 해석하기 위해 필요한 모든 정보를 얻는 것입니다. CED를 위한 점검목록은 다음과 같습니다.

* 자료를 어떻게 확인하고 기록하였는가?

* 자료에 측정오차나 기록오차는 없는가? 측정과 관련된 개념들과 정의들은 잘 정의되어 있는가? 관측자들 사이에 관점의 차이는 없는가?

* 자료들은 순수한가? 아니면 위조되거나 편집되거나 조정되지는 않았는가? 관측자의 자의적 판단에 의하여 버려진 관측치들은 없는가? 자료 중에서 통계적 추론에 부당한 영향을 줄 수 있는 특이점들 outliers은 없는가?

* 관측된 자료에서 얻은 정보는 어떠한 모집단에 유효한가? 조사 과정중 모집단에서 선택된 표본에서 무응답의 경우(일부분이든 혹은 전부이든)는 없었는가? 자료는 동일한 모집단에서 얻어진 것인가, 아니면 여러 모집단들의 혼합으로부터 얻어진 것인가? 표본의 선택과 분류에 관련된 모든 요소들은 기록되어 있는가?

* 조사중인 문제 혹은 관측된 자료의 특성에 관련된 사전정보는 없는가?

이러한 질문중 일부분은 자료를 수집한 조사자와 대화하여 그 해답을 얻을 수 있을 것입니다. 그러나 그 나머지의 경우는 자료에 의문을 가져보거나 자료를 교차 점검해 보는 등 적절한 자료분석을 통하여 해답을 얻을 수 있습니다. 비록 자료를 그래프-막내그래프, 2차원 산포도, 적절히 변형된 자료익 확률플

롯-로 표현하거나 적절한 기술통계량들을 계산하여 자료분석에 큰 도움을 얻을 수 있지만, 자료분석은 역시 획일적인 작업으로 이루어지지 않습니다. 그러나 자료분석의 대부분은 자료의 특성과 자료로부터 정보를 이끌어내는 통계전문가의 기술에 달려있습니다. 그럼 몇 가지 예들을 살펴보겠습니다.

2.1 자료의 편집

폭스J.P.Fox, 홀C.E.Hall, 엘브백L.R.Elveback이 쓴 "역학疫學, 인류, 그리고 질병"이라는 책의 74페이지에 나오는 다음과 같은 표(<표3.1>)를 봅시다.

여기서 저자들은 "비록 발생률은 모든 연령층에서 높게 나타나지만, 치사율은 한 살 이하에서 가장 높고 30세 이상부터 꾸준히 상승하는 등 상당한 변화를 보이고 있습니다"라고 결론 내리고 있습니다. 과연 이 결론이 타당할까요?

이 표에서 흥미로운 것은 홍역발생률이 모든 연령층에서 대략 77.6%로 비슷하게 나타나고 있다는 사실입니다. 과연 이와 같은 현상이 우연히 발생할 수 있을까요? 혹시 각 연령층별 발생자를 직접 관찰하지 않고, 전체발생률 6100/7864=0.776을 먼저 구한 다음, 이 숫자를 각 연령층별 인구에 곱하여 반올림 처리한 것은 아닐까요? 이와 같이 했다면 한 살 이하 연령층에서 얻어진 154라는 숫자와 80세 이상의 연령층에서 얻어진 92라는 숫자는 다음과 같이 얻어질 수 있습니다.

$$198 \times 0.776 = 153.648 \sim 154; \quad 118 \times 0.776 = 91.568 \sim 92 \qquad (2.1.1)$$

이제 이 숫자들을 이용하여 발생률을 구하면 저자들이 작성한 다음과 같은 숫자들,

$$\frac{154}{198} = 0.7777 \cdots \sim 0.778; \quad \frac{92}{118} = 0.7796 \sim 0.780 \qquad (2.1.2)$$

을 얻을 수 있으며, 이 식들은 왜 보고된 발생률이 소숫점 셋째 자리에서만 조

금씩 틀리는가를 설명해 줍니다. 패넘에 의해 독일어로 쓰여진 이 보고서의 원본에는 발생자수가 연령층에 따라 구분되지 않았으나, 영문편집자가 연령층별로 획일적인 발생률을 가정하여 식(2.1.1)로 재구성한 것입니다. 위 표에 나타나 있는 발생률은 영문 번역판 87페이지에는 나타나 있지 않은 것으로 보아서 아마도 "역학, 인류 그리고 질병"의 저자들이 식(2.1.2)와 같은 방법으로 계산하였을 것입니다. 결과적으로 재구성된 발생자수에 의하여 계산된 각 연령층의 치사율은 정당하다고 말할 수 없으며, 그 해석 역시 정당하지 않습니다. 이와 같은 오류를 발견하려면 통계학자들은 가끔씩 탐정과 같은 일을 해야합니다! (<표3.1>의 발생률 항목에서 두 번째 값은 77.6이어야 합니다!)

표3.1 1846년 패로섬에서 발생한 홍역에 연령별 감염된 인구수와 사망자수

나이(세)	인구	발생자	발생률(%)	사망자	치사율(%)
1 미만	198	154	77.8	44	28.6
1~9	1,440	1,117	77.7	3	0.3
10~19	1,525	1,183	77.6	2	0.2
20~29	1,470	1,140	77.6	4	0.3
30~39	842	653	77.6	10	1.5
40~59	1,519	1,178	77.6	46	3.9
60~79	752	583	77.5	46	7.9
80 이상	118	92	78.0	15	16.3
계	7,864	6,100	77.6	170	2.8

자료 : 패넘Peter L.Panum. 1846년 패로Faroe섬에서 발생했던 홍역기간동안 만들어진 자료들, 뉴욕, 델타 오메가 소사이어티, 1940, p. 82.

2.2 측정오차, 기록오차, 특이점

큰 규모의 조사연구에서는 불가피하게 측정오차와 기록오차가 발생합니다. 이러한 오차들은 다른 측정치들에 비해 두드러지지 않는 한 발견하기가 힘듭니다. 이러한 오차들을 최소화할 수 있는 조사방법을 고안하도록 신경을 써야합니다. 미리 고안된 정밀조사 프로그램은 현장에서 측정작업을 하는 도중 측정치가 의심스러울 때 이를 조사자에게 경고하여 측정을 다시 하도록 하고, 개개의 측정치들이 현재 연구중인 모집단에 속하는지를 조사하도록 도와줍니다.

필자는 인체측정학적 조사를 통하여 수집된 수많은 자료들을 정밀조사할 기회를 가졌습니다. 어떤 경우에는 커다란 비용을 들여서 수집된 모든 자료를 버려야 할 경우도 있었습니다.(무커지, 라오, 트레보Mukherji, Rao and Trevor (1955)와 마줌다르, 라오Majumdar and Rao(1958) 참조). 다변량 응답자료에서 기록오차와 측정오차들의 수가 많지 않을 때는, 각 측정값들과 비율들에 관한 히스토그램을 그려보고, 두개 변수의 측정값을 쌍으로 하여 2차원도표를 그려보거나, 혹은 처음 4개의 적률Moment이나 왜도Skewness와 첨도Kurtosis의 측도 γ_1, γ_2를 계산해 봄으로써 이러한 오차들을 발견할 수 있습니다. 왜도와 첨도는 특히 특이점에 민감합니다. <표3.2>는 5개 종족 표본의 여러 가지 특성에 대해 원래 자료로 계산한 γ_1, γ_2값과 극단치들을 제외한 후에 계산한 γ_1, γ_2값을 나타내고 있습니다. 각 그룹에 대한 표본크기는 50입니다. 각 경우에서 하나의 특이점을 제외한 후에 계산된 γ_1, γ_2값은 다른 값들과 유사함을 보여줍니다.

히스토그램이나 2변량차트와 같은 간단한 그래프는 특이점이나 자료의 집락을 검출하는데 도움이 될 수 있습니다. 고도로 정교한 컴퓨터그래픽 소프트웨어를 이용하면 통계분석을 하는 동안 여러 가지 플롯을 볼 수 있으며 보다 효율적으로 자료와 상호작용할 수 있습니다. 클리블랜드Cleveland(1993)의 책 Visualizing Data는 그래픽기법에 관해 좋은 참고가 될 것입니다. 피셔(1925)는 그의 책 "연구자들을 위한 통계적 방법"에서 도표가 자료의 초기단계 조사에서 중요한 역할을 한다고 강조하고 있습니다. 투키(1977)의 선구자적인 책인 "탐색적 자료분석"이 나옴으로 해서 자료의 시각화기법은 훨씬 더 구체적이고 효과적인 기법이 되었습니다.

표3.2 5개 남자종족들의 몇 가지 인체측정학적 측정치들에 대한 왜도와 첨도의 검정통계량 γ_1, γ_2

특성	KOLAM		KOYA		MANNE		MARIA		RAJGOND	
	γ_1	γ_2	γ_1	γ_2	γ_1	γ_2	γ_1	γ_2	γ_1	γ_2
H.B.	.15	-.62	.39	.37	1.62* .71*	4.54* .29	-.27	.48	-.30	.23
H.L.	-.14	-.06	.48	1.12	-.05	-.08	.05	-.09	-.32	.28
Bg.B.	.83* -.14	2.93* -.03	.17	.19	1.72* -.40	8.42* .27	-.17	-.63	-.12	-.61
T.F.L.	-.26	-.07	.44	.11	.66*	.32	-.05	-.10	-.04	-.24
U.A.L.	-.05	-.63	-1.95* -.30	6.88* .74	-.01	-.27	.13	.76	.14	-.40
L.A.L.	-2.17* .07	9.98* -.62	-.07	.59	.19	-.67	-.02	.28	-.06	-.67

자료 : 핑글Urmila Pingle의 박사학위 논문. 각 특성들에 대한 2번째 줄의 값들은 극단치extreme observations를 생략한 후에 계산된 것임.

주 : *는 5% 수준에서 유의한 수치임.

2.3 자료의 위조

정부는 통계자료의 축적에 무척 민감하다. 그들은 통계자료를 모으고, 더하기도 하고, 거듭제곱을 하기도 하고, 세제곱근을 취하기도 하여 훌륭한 도표들을 만들어 낸다. 그러나 잊지 말아야 할 것은 이러한 수치들은 최초에 이러한 자료들에는 별 관심이 없는 사람들에 의하여 수집되어진다는 것이다.

- 스탬프Sir Josiah Stamp(플레이보이 매거진Playboy Magazine, 1975년 11월호)

자료조작에 관한 사실들이 세상에 더욱더 알려지거나, 그러한 사실들을 비밀로 넘겨 버리는 경우가 많을수록, 우리는 과학분야에서 자료조작은 오히려 경미하나마 일반화된 관행이 아닌가 하는 의구심을 갖게 된다.

- 브로드William Broad와 웨이드Nicholas Wade

(진실의 배반자들Betrayers of the Truth에서)

하나의 이론은 관측자료에 의해 그 정당성을 인정받아야 합니다. 따라서 과학자는 그의 이론을 주장하기 위해 실험자료를 특정이론에 맞추어 날조하고자 하는 유혹을 받을 수 있습니다. 만약 이론이 틀리다면 조만간 관련 실험들을 실행하는 다른 과학자들에 의하여 발견될 것입니다. 그러나 잠시라도 그것을 인정받음으로써 사회에 상당한 해를 끼칠 가능성이 있습니다. 최근에 있었던 이러한 예로는 재론할 여지없이 영국 교육심리학의 아버지로 불리는 버트 Cyril Burt가 관련된 "IQ 사기" 사건입니다(싸이언스 투데이Science Today, 1976년 12월호, p33). 그의 이론에 따르면 지능은 대부분 선천적으로 타고나며 사회적 요소에는 영향받지 않는다는 것입니다. 그러나 그의 이론이 명백히 조작된 자료에 의해 뒷받침되고 있었음에도 불구하고 잠시나마 인정을 받아 어린이 교육정책에 대한 정부의 생각을 엉뚱한 방향으로 이끌었습니다.

그러면 주어진 자료들이 위조되었는지 정상적인 것인지 어떻게 알 수 있습니까? 자료의 진실성 여부를 분석하는 통계적 장치가 있습니까? 다행스럽게도 있습니다. 사실 최근 몇 년 동안 통계학자들은 일부 유명한 과학자들이 과거에 만들고 사용한 자료들을 점검한 결과 그들이 "모두가 정직한 것은 아니었고 그들이 발표한 결과를 항상 실제로 얻은 것은 아니었다"라는 사실을 발견했습니다. 할데인Haldane(1948)은 다음과 같이 지적했습니다.

인간은 질서를 아는 동물이다. 인간은 자연의 무질서를 모방할 수 없다.

이러한 인간지능의 한계에 착안하여 통계학자들은 위조된 자료를 추적하기 위한 기법들을 개발하였습니다. 저와 통계학과의 1학년 학생들이 함께 추진하였던 다음의 실험은 할데인의 관찰을 증명하고 있습니다.

저는 학생들로 하여금 다음의 실험들을 하도록 하였습니다. 실험결과들은 <표 3.3>에 요약되어 있습니다.

① 동전을 1000번 던지면서 매 5번을 한 묶음으로 하여 동전의 앞면이 나오는 숫자를 기록한다.(3열, 모의실험자료)

② 산부인과 병원에서 연속적으로 탄생하는 5명의 아이를 한 묶음으로 하는 200 조의 묶음에서 각 묶음당 사내아이의 숫자를 기록한다.(2열, 병원자료)

③ 이제 학생들이 동전을 1000번 던져 그 결과를 기입한다고 가정하는데, 이때 5번의 시도를 한 묶음으로 했을 때 한 묶음에서 동전의 앞면이 나올 숫자의 도수분포를 기입한다.(5열 가상자료 A)

④ 학생들은 아직 이항분포를 배우지 않았습니다. 그러나 저는 5번의 시도를 한 묶음으로 했을 때, 제가 기대하는 동전앞면의 도수분포를 그들에게 보여주었습니다.(4열) 그리고 나서 학생들에게 1000번의 가상시도에 대한 결과치들을 적도록 하였습니다.(6열, 가상자료 B)

표3.3 여러 실험들의 결과들

사내아이들의 숫자 (5명 묶음당)	실제자료		기대값 (이항분포)	가상자료	
	병원	모의 실험		(A)	(B)
(1)	(2)	(3)	(4)	(5)	(6)
0	2	5	6.25	2	5
1	26	27	31.25	20	32
2	65	64	62.50	78	63
3	64	68	62.50	80	61
4	31	32	31.25	17	33
5	9	4	6.25	3	6
계	200	200	200.00	200	200
χ^2	2.10	2.18		23.87	0.54

기대값으로부터의 편차를 측정하는 자유도 5의 카이제곱 값들은 실제자료(2열과 3열)에 대해서는 적절해 보입니다. 가상자료 A에 대한 카이제곱 값은 크게 나타났는데 이것은 학생들이 무작위에 의한 것보다 더 많은 자료들이 남녀별 균형을 이룰 것이라고 생각했기 때문입니다. 학생들이 기대값을 알고 난 후에 작성한 가상자료 B의 경우는 카이제곱 값이 현저하게 낮게 나타나는데 이것은 그들이 자료들을 알려진 기대값에 맞추려고 노력했기 때문입니다.

그러면 이제 멘델로 하여금 유전의 법칙을 형성하고 유전학의 기초를 이룰 수 있도록 했던 멘델의 실제 실험결과들을 살펴봅시다. 피셔(과학연보Annals of Science, 1권, 1936년, pp. 115-137)는 멘델의 자료와 관련된 훌륭한 보고서를 하나 작성했습니다. 그는 각 그룹별 실험에 대해서 멘델법칙으로부터의 이탈을 측정하는 카이제곱 값을 계산함으로써 멘델의 자료들을 조사하였습니다. 그 결과가 <표3.4>에 나타나 있습니다.

표3.4 기대값으로부터의 이탈을 나타내는 χ^2값과 멘델에 의하여 행해진 각 그룹별 실험들에 대한 확률($\chi^2 \geq$관측값)

가설검정을 위한 실험들	자유도	χ_0^2 (관측값)	$p(\chi^2 > \chi_0^2)$
3:1 비율	7	2.1389	0.95
2:1 비율	8	5.1733	0.74
2인수	8	2.8110	0.94
배우자 비율	15	3.6730	0.9987
3인수	26	15.3224	0.95
계	64	29.1186	0.99987
식물변형의 설명	20	12.4870	0.90
총계	84	41.6056	0.99993

우리는 각 경우에 있어 확률이 무척 높은 것을 볼 수 있는데, 이것은 "아마도 이론의 정당성을 주장하기 위하여 자료들이 위조되었을 것"이라는 암시로 볼 수 있습니다. 이처럼 이론에 잘 일치할 확률은,

$$1 - .99993 = 7/100000$$

으로 매우 적습니다. 피셔는 이처럼 확률이 적은 것에 대하여 다음과 같이 언급했습니다.

비록 만족스럽게 설명할 수는 없지만, 실험에서 얻고자 했던 내용을 너무도 잘 알고 있던 조수가 멘델을 속였을 가능성이 있습니다. 비록 실험의 모든 자료는 아닐 망정 대부분의 자료들이 멘델의 기대에 부응하기 위해 위조됐다는 사실이 이를 증명합니다.

할데인(1948)은 몇 가지 자료들을 제시하였는데 이 자료들은 유전학자들이 수집한 것으로서 가설에 매우 잘 들어맞습니다. 할데인은, 만약 자료의 위조여부를 검출하기 위하여 통계학자가 적용할 검증방법을 실험자가 알고 있다면, 그는 이러한 검증으로는 의심스러워 보이지 않도록 자료를 위조할 것이고 결과적

으로 그의 이론을 표본오차의 한계범위 내에서 계속 주장할 수 있을 것이라고 말하였습니다. 할데인은 이것을 제2차 위조라고 불렀습니다. 예를 들어 어떤 이론이 두 종류 사건의 비율이 3:1임을 제시한다면 3:1의 비율에 가깝지도 않고 멀지도 않은 숫자들을 계속하여 선택함으로써 이론으로부터의 편차를 설명하는 카이제곱 값이 너무 작거나 너무 크지 않도록 조정할 수 있을 것입니다. 그러나 이러한 제2차 위조도 찾아낼 수 있는 통계적 검정방법들이 있습니다.

저는 과학자인 동료에게 H와 T를 혼합하여 50번을 가상적으로 적어보라고 하였습니다. H와 T사이의 비율이 1:1이 된다는 이론을 지지하는 것처럼 보이게 하면서, 동시에 의심을 불러일으킬 정도로 이론에 너무 부합되는 것처럼은 보이지 않게 적어보라고 하였습니다. 그는 다음과 같은 순서로 적어내려 갔습니다.

```
T H T H T H H T H H
H T T H T H T H H H
T H H H T H T H T T
H H T T H T T H H H
T H H T T H H H T H
```

각 문자를 세어보면, 29개의 H와 21개의 T가 기록되었습니다. 1:1비율에서 이탈하는 정도를 나타내는 카이제곱은

$$\chi^2 = \frac{(29-25)^2}{25} + \frac{(21-25)^2}{25} = 1.28$$

입니다(자유도 1). 이 값은 위조라고 말할 수 있을 만큼 카이제곱 값이 너무 작지도 않으며, 이론을 기각할 만큼 크지도 않습니다. 한편 각 줄에 있는 H의 개수는

$$6, 6, 5, 6, 6$$

인데, 이것은 확률에 의하여 기대되는 것보다도 더욱 균등하게 보입니다. 이러한 값들에 대한 카이제곱은

$$x^2 = \frac{2}{5} + \frac{2}{5} + 0 + \frac{2}{5} + \frac{2}{5} = \frac{8}{5} = 1.6$$

인데(자유도 5), 이렇게 작은 값은 "제2차 위조"를 나타낸다고 할 수 있습니다.

웨스트폴R. S. Westfall(싸이언스Science, 179권, 1973년, pp. 751-758)에 따르면, 중력의 법칙을 발견한 천재소년 뉴턴Newton은 관측치들을 그의 법칙 계산에 정확히 맞추기 위하여 훌륭히 조작했다고 합니다. 그는 학술지 프린시피아Principia에 3가지의 특정한 예를 인용하였습니다. 지구표면 위에서의 중력가속도가 궤도상에 있는 달의 구심가속도와 일치한다는 것을 확증하기 위하여 뉴턴은 전자와 후자를 각각 다음과 같이 계산하였습니다.

$$15 \text{ 피트 } 1 \text{ 인치 } 1\frac{7}{9} \text{ 라인,}$$

$$15 \text{ 피트 } 1 \text{ 인치 } 1\frac{1}{2} \text{ 라인.}$$

여기서 1라인은 1/12인치를 나타내는데, 이 식은 3000분의 1의 정밀도를 나타냅니다. 음속은 초당 1142피트로 추정되는데 이것은 1000분의 1의 정밀도를 가지고 있습니다. 뉴턴은 분점分點의 정확도를 $50^{ii}\ 01^{iii}\ 12^{iv}$가 되도록 계산했는데, 이것은 3000분의 1의 정밀도를 가지는 것입니다. 그러나 이러한 고도의 정밀도는 뉴턴시대의 관측기술로는 생각하기 힘든 것이었습니다.

브로드William Broad와 웨이드Nicholas Wade가 쓴 "진실의 배반자들Betrayers of the Truth"이라는 책의 '역사 속의 속임수'라는 장을 보면 자료를 위조한 듯 보이는 유명한 과학자들이 언급되어 있는데, 그것을 여기에 인용해 보겠습니다.

*프톨레마이오스Claudius Ptolemy, "고대의 가장 위대한 천문학자"로 불리는 그는 밤에 이집트의 해안에서 하늘을 보며 그의 작업을 한 것이 아니라, 대낮에 알렉산드라이아의 대도서관에서 어떤 그리스 천문학자의 작업을 연구·발전시켜 그의 이론으로 만들있습니다.

*갈릴레오Galileo Galilei는 아리스토텔레스의 작품이 아니라 오직 실험만이 진실의 심판자가 되어야 한다고 주장함으로써 근대 과학적 방법의 창시자로 칭송되고 있습니다. 그러나 17세기 그의 이탈리아 동료들은 그의 결과들을 다시 되풀이해 보는 것이 쉽지 않았으며, 따라서 그가 과연 실험을 했는지에 대하여 의심하였습니다.

*달톤John Dalton, 19세기의 위대한 화학자인 그는 화학결합의 법칙을 발견하고 서로 다른 종류의 원자들이 존재한다는 사실을 증명하여 그 정밀한 결과들을 책으로 출판하였지만, 오늘날의 화학자들은 도무지 그것을 되풀이해 볼 수가 없었습니다.

*밀리칸Robert Millikan, 미국의 물리학자인 그는 최초로 전자의 전하電荷를 측정함으로써 노벨상을 수상하였습니다. 그러나 밀리칸은 그의 실험결과들을 사실보다도 더 확정적인 것처럼 보이기 위하여 그의 연구결과를 광범위하게 허위 기술하였습니다.

왜 이처럼 유명한 과학자들이 사실을 조작했을까요? 만약 그들이 좀 더 정직했더라면 무슨 일이 발생했을까요?(이와 같은 의문들이 고쉬 박사에 의하여 제기되었습니다.)

이와 같은 질문들에 대답하기 위해서 우리는 과학적 발견시 이루어지는 몇 가지 단계를 이해해야 합니다. 즉, 사실(자료)을 발견하는 단계, 그 사실을 설명하기 위한 이론이나 법칙을 주장하는 단계, 그리고 동료들로부터 존경을 얻거나 그 발견에 따른 보상을 얻기 위하여 우선권을 확정시키고자 하는 소망을 하는 단계가 있습니다. 과학자가 자신의 이론을 확신하면, 그 이론을 뒷받침하는 "사실들"을 찾거나 혹은 사실들을 그 이론에 끼워 맞추고자 하는 유혹을 받게 됩니다. 가설검정을 위한 통계적 방법론이 개발되기 전까지는 허용오차 범위 내에서 이론을 인정하는 개념이 없었습니다. 이론이 자료들에 더 가까이 일치

될수록 더 정확한 이론이라고 생각했으며, 또한 그의 동료들로부터 인정받는 확실한 증거가 되는 것으로 인식했습니다. 이제 우리는 이론이 자료에 너무 부합되는 것은 이론이 위조되었을 가능성이 있다는 것을 알았습니다! 이것은 통계적 개념의 출현에 기인하고 있습니다. 최근에도 (버트Cyril Burt 경의 사건에서처럼) 잘못된 가설을 입증하기 위해 자료를 위조한 경우가 많이 있습니다. 이러한 행위는 사회는 물론 과학의 발전에 심각한 해를 끼치게 됩니다.

2.4 라짜리니Lazzarini와 π의 추정 §

제1장에서 복잡한 적분이나 면적계산 혹은 알려지지 않은 모수들의 추정 등 수학적으로는 풀기 힘든 문제들을 난수를 이용한 몬테카를로 시뮬레이션으로 어떻게 해결할 수 있는지에 대해 알아보았습니다. 이제 몬테카를로 기법을 이용하여 원의 직경에 대한 원주 비율인

$$\pi = 3.14159265\cdots$$

를 추정해 (값을 구하는 것) 보도록 하겠습니다.

여러분들은 부퐁의 바늘문제Buffon needle problem에 대한 이야기를 들어보았을 겁니다. 18세기의 프랑스 자연주의자 부퐁Comte de Buffon은, 길이가 ℓ인 바늘 하나를 길이 $a(>\ell)$의 간격으로 평행하게 그어진 선들의 격자 위에 무작위로 던졌을 때, 바늘이 선과 교차하게 될 확률이 $p=2\ell/\pi a$임을 보였습니다. 바늘을 수없이 많이 N회 반복해서 던지는 실험을 하여 그 바늘이 선을 R회 교차했다면, R/N은 p의 추정치가 되며 다음과 같은 성질을 지니게 됩니다.

$$N \to \infty \text{일 때, 거의almost surely } R/N \to p$$

즉, R/N은 N이 커질수록 p에 더욱 근접하게 될 것입니다. 그러면 근사적인 등식 $R/N=2\ell/\pi a$ 으로부터 몬테카를로 추정치 π를 얻을 수 있으며, 다음과 같이 π의 근사값(ℓ/a를 알고 있을 때)을 계산할 수 있습니다.

$$\hat{\pi} \simeq \frac{2\ell}{a} \frac{N}{R}. \tag{F}$$

만약 π를 결정할 수 있는 아무런 계산방법이 없다면, 우리는 식(F)를 사용하여 π를 추정할 수 있습니다. 이때 필요한 것은, 길이 ℓ의 바늘과 a간격으로 평행하게 선들이 그려진 종이, 그리고 상당히 많은 횟수동안 기계적으로 바늘을 던질 수 있는 인내만 있으면 되는 것입니다.

몇몇 사람들은 이러한 실험을 통하여 그들이 얻은 π값을 발표하였습니다. 물론 모든 실험들에서 똑같은 해답을 얻은 것은 아닙니다. 그러나 만약 N이 크다면, 여러 추정치들은 거의 비슷한 값을 보일 것입니다. 프랑크프르트의 울프Wolf 교수는1850-60년경에 바늘을 5000번 던지는 실험을 했다고 전해지고 있습니다. 바늘의 길이는 36mm이고 평면의 줄 간격은 45mm였습니다. 그는 바늘이 선을 교차하는 횟수가 2532번임을 관찰하였습니다. 따라서 식(F)를 이용하여 0.6%의 오차로 π=3.1416의 추정치를 얻었습니다. 1890-1900년에 폭스Fox는 약 1200번 시도하여 π=3.1419를 구했다고 전해집니다. 가장 정확한 π값을 추정한 사람은 이탈리아 수학자인 라짜리니Lazzarini 입니다 (후에 그의 작업을 인용하던 사람들에 의하여 가끔 라쩨리니Lazzerini로 잘못 표기되었음). 그는 1901년에 발행된 페리오디코 디 마테마티카Periodico di Matematica에 발표한 그의 논문에 다음과 같은 실험결과를 자세히 보고하였습니다. 즉, 3408번을 던져 1808번 교차하였으며 다음의 식

$$\frac{1808}{3408} = \frac{2\ell}{\pi a} = \frac{5}{3\pi}$$

에 따라(여기서 비율 $\ell/a=5/6$임), π의 추정치로

$$\hat{\pi} = \frac{5}{3} \cdot \frac{3408}{1808} = \frac{5}{3} \cdot \frac{16 \times 213}{16 \times 113} = \frac{5}{3} \cdot \frac{213}{113} = \frac{355}{113} = 3.1415929$$

을 얻었습니다. 이 값은 단지 소숫점 7째 자리에서만 실제값과 차이가 나고 있습니다!

위의 계산에 나타난 이상한 숫자들을 주목하십시오. 그리고 어떻게 그 숫자들이 π값에 가장 근사한 유리수로 알려진 355/113로 분해되는지를 주목하십시오(5세기의 중국 수학자 쑤청친Tsu Chung-Chin에 의해 밝혀짐). 그 다음으로 근사한 유리수는 52163/16604로서 좀 더 큰 숫자들을 포함하고 있습니다. 라

짜리니가 했던 실험은 그리지만 N.T.Gridgeman(스크립타 매스매티카Scripta Mathematica, 1961)과 오베아른T.H.O'Beirne(뉴 싸이언티스트The New Scientist, 1961, p.598)의 연구들에 의하여 밝혀짐으로써 이제 선명해졌습니다. $\ell/a=5/6$일 때 355/113의 비율을 얻기 위해서는, 시행회수에 대한 성공의 비율인 R/N이 113/213이 되어야 합니다. 즉 213번의(최소한) 시도 중 113번의 성공을 얻든지, 어떤 정수 k에 대하여 $213k$번의 시도 중 $113k$번의 성공을 얻어야 합니다. 라짜리니의 경우 k는 16이였습니다. 여기에는 두 가지 가능성이 있습니다. 첫째는 그가 그의 논문에 써놓은 실험들을 실제 해보지 아니하고 단지 그가 원하는 숫자들을 발표했을 수도 있고, 둘째는 213번의 시도를 한 묶음으로 하는 실험들을 시도하여 의도하는 결과가 나올 때까지 실험을 한 경우입니다. 라짜리니가 했던 것처럼, 213번의 시도를 한 묶음으로 하여 16번을 되풀이하여 실험할 때 올바른 교차 회수 113x16을 얻을 확률은 약 1/3입니다.

라플라스Laplace는 그의 저서 "확률의 이론적 분석Theorie Analytique des Probabilites"에서 다음과 같이 언급하였습니다.

과학이 확률게임을 고려하여 시작했더라면 그것은 인류지식 중 가장 중요한 것이 되었을 것이다.

그는 새로운 지식을 얻기 위해 사용되는 기법이 잘못된 주장들을 옹호하기 위하여 쓰여질 수 있다는 점을 고려하지 않았습니다. 아마도 라플라스는 확률게임을 고려해 봄으로써 그러한 속임수는 조만간 발견될 것이라고 생각했음에 틀림없습니다.

2.5 특이점의 기각과 자료의 선별적 사용

컴퓨터의 효시인 계산기를 발명한 배비지Charles Babbage는 1830년에 쓴 그의 저서 "영국의 과학 쇠퇴에 대한 반성Reflections on the Decline of Science in England"에서, 과학자들이 자료를 대할 때나 그 자료를 사용할 때 보이는 비신사적 태도를 다음과 같이 분류하였습니다.

① 잘라내기: "평균보다 과다하게 큰 관측치들에 대해서는 여기저기서 조금씩 잘라내고, 그 잘라낸 값들은 지나치게 작은 관측치들에 덧붙이는 것"

② 요리하기: "여러 가지 형태를 지니는 예술. 이 예술의 목적은 보통의 관측치들을 매우 정교한 값을 가지는 것처럼 보이게 하거나 그러한 특성을 지니는 것처럼 표현 하는 것이다. 이 예술에서 수행되는 수많은 과정 중 하나는 많은 관측치를 얻은 후 이들 중에서 목적에 잘 부합되거나 혹은 거의 부합되는 값만을 골라내는 것이다. 만약 100개의 관측치 중에서 요리할 재료로 15개 내지 20개의 관측치를 골라낼 수 없다면 그 요리사는 매우 불행해 할 것이 틀림없다."

③ 위조하기: "결코 관측되지 않은 값들의 기록"

저는 이미 자료의 위조와 생성에 대하여 언급하였습니다. 이제 저는 더욱 복잡한 문제인 특이점과 일관되지 않은 관측치들을 다루는 문제에 대하여 언급하고자 합니다.

다른 관측치들과 비교해서 그 값이 두드러지게 크거나 작은 경우 혹은 어떤 의미에서 일관성이 없는 경우 그런 관측치들은 어떻게 처리해야 합니까? "특이점" 혹은 "오염"으로 기술되는 이 당황스러운 문제는 오늘날 하나의 연구분야가 되었습니다. 그러나 불행히도 잘라내기Trimming를 위해 통계적으로 조정하는 절차를 제외하면 아직까지 만족할만한 해결책이 제시되지 않고 있습니다. 만약 특이점으로 의심이 되면 다음과 같은 가능성들에 대하여 좀더 과학적으로 접근해야 합니다.

*특이점은 아마도 측정상 혹은 기록상의 큰 오차의 결과일 수 있다.

*특이점과 관련된 관찰단위가 연구중인 모집단에 속하지 않거나, 다른 관찰단위들과는 무언가 질적인 면에서 큰 차이를 보인다.

*연구 중인 모집단이 꼬리가 두터운 분포를 가지고 있어서 큰 값들이 드물지 않게 나타난다.

특이점들을 다루기 위한 첫 번째 조치는 가능하다면 모집단에서 이것과 관련된 관찰단위들을 찾아서, 위에 기술되어 있는 방안들에 비추어 하나씩 검토해 보는 것입니다. 그러면 적절한 방안을 제시하는 적합한 설명을 할 수도 있습니다. 때로는 이러한 이탈된 측정치를 재점검하여 새로운 발견을 할 수도 있습니다! 측정의 원자료를 점검해 보는 이러한 조사가 항상 가능한 것은 아닙니다. 그러므로 자료수집 중 자료를 자동적으로 점검할 수 있는 장치가 필요합니다. 또한 측정치가 특이점이라 의심되면 보충정보를 기록해 둘 필요가 있습니다. 표본의 관찰단위들을 재점검하는 것이 불가능하거나 비용이 많이 들 때는, 순수한 통계적 검정방법을 통해 다음 중 하나를 결정해야 합니다.

*특이점을 제거하고 나머지 관측치들만을 정상적인(정당한) 표본으로 취급한다.

*특이점을 제거하고 통계분석시 그 부분을 조정한다.

*특이점으로 보이는 측정값을 연구중인 모집단의 정상적인 현상으로 받아들이고 (이것은 보다 철학적인 문제일 것이다), 적절한 통계분석 모형을 사용한다.

현재의 통계적 방법론은 위에 기술된 문제들을 다루기에는 적절하지 않습니다. 그러나 로버스트 추론, 특이점이나 영향력있는 관측치의 탐지 등과 같이 현재 통계학자들이 작업중인 여러 가지 연구들은 자료의 교차분석을 통해 얻어지는 정보를 추론적 자료분석에 접목시킬 수 있는 통합된 이론을 제공할 것입니다. 그러나 저는 여기서 한가지 생각을 제시하고자 합니다.

특이점이나 허위 관측치를 생략할 것인가 생략하지 않을 것인가 하는 문제는 다음의 보기가 보여주듯이 심각한 딜레마에 빠질 수도 있습니다. 평균이 μ이고 표준편차가 σ인 모집단에서 얻은 N개 관측치들의 표본평균을 $\bar{x}$라하고, 평균이 v이고 표준편차가 σ인 또 다른 오염 모집단에서 얻은 M개의 허위 관측치들의 표본평균을 $\bar{y}$라고 가정합시다. $\bar{y}$가 오염된 관측치들로 계산된 사실을 무시하고 다음 식과 같이 μ를 추정합시다.

$$\hat{\mu} = \frac{(N\bar{x}+M\bar{y})}{(N+M)}.$$

여기서 v-μ=δσ로 표현하면, $\delta^2 < M^{-1}+N^{-1}$일 때,

$$E(\hat{\mu}-\mu)^2 = \frac{\sigma^2}{N+M}\left(1+\frac{M^2\delta^2}{N+M}\right) < V(\bar{x}) = \frac{\sigma^2}{N}$$

입니다. 위에서 조건 $\delta^2 < M^{-1}+N^{-1}$은 $\delta \leq 1$이고 $M=1$이면 N의 어떤 값에 대해서도 항상 성립합니다. 그러므로 정상적 모집단과의 평균 차이가 1표준편차 정도 되는 오염 모집단에서 한 개의 허위 관측치가 얻어졌다면 통계학자들이 자주 사용하는 평균오차제곱Mean squared error기준 하에서는 이 허위 관측치를 포함시켜도 괜찮습니다! 이렇게 개선하면 이것은 작은 표본들에서는 상당히 큰 값이 될 수 있습니다.

3. 메타분석 Meta analysis

선생님: 해와 달 중 어느 것이 더 중요하지?

학생: 물론 가장 필요할 때 빛을 주는 달이지요!

의사결정시 우리는 모든 이용 가능한 증거들을 고려해야 합니다. 그 증거는 서로 다른 출처에서 모은 여러 종류의 정보일 수도 있고 그들 중 일부는 전문가적 의견의 형태일 수도 있습니다. 이와 관련하여 몇 가지 의문이 제기됩니다.

*각 정보를 어떻게 믿을 수 있나?

*이 정보가 현재 조사 중인 문제와 어느 정도 관련이 있나?

*서로 다른 정보들은 일관성을 가지고 있나?

*결론에 도달하기 위하여, 일관성이 없을 수도 있는 서로 다른 출처로부터의 정보를 어떻게 통합할 수 있나?

이러한 의문들은 개별적으로 보았을 때는 새로운 것이 아닙니다. 그러나 연구 조사시 이러한 문제들을 종합적으로 고려하는 것에 대해서는 대개 강조하고 있지 않습니다. 이러한 문제들을 연구하기 위한 체계적인 절차를 확립하기 위해 메타분석 Meta analysis이라는 이름의 분석법이 시도되고 있습니다.

어떤 문제에 대한 주요 정보원은 저널이나 특별 보고서에 발표된 논문들입니다. 그러나 그러한 논문들이 주어진 문제에 대해 이뤄진 모든 연구성과물들을 대변할 수는 없습니다. 예를 들면, 결과가 만족스럽지 못한 논문들은 게재되지 않습니다. 저널의 편집위원들은 제출된 논문이 통계적으로 유의한(예를 들면, $p<.05$) 결과를 갖지 못하면 게재를 꺼려합니다. 이처럼 출판되지 않은 논문들은 연구자의 파일서랍 속에 파묻혀 정보로서 이용될 수 없습니다. 메타분석에서는 이렇게 사장된 연구성과물들을 제외시킴으로 해서 발생되는 편향 Bias을 '서랍 속 파일문제 File drawer problem'라고 합니다. 이러한 편향의 효과를 최소화하기 위해 조정을 할 수 있는 몇 가지 방법이 제시되었습니다.

정보를 통합할 때는 각 정보들에 가중치를 부여하게 되는데, 이것은 각 정보의 가치를 평가함으로써 가능합니다. 그러나 정보를 통합하기 위해서는 서로 다른 정보들이 서로 모순되지 않아야 합니다. 마지막으로, 적절한 방법을 선택하여 서로 다른 정보들을 혼합하고 최종결론의 신뢰도를 높여야 합니다. 이러한 절차들을 성공적으로 이끌기 위해서는 이용 가능한 모든 통계적 방법들을 현명하게 사용해야 합니다. 즉, 자료검사에서 추론적 자료분석까지의 모든 이용 가능한 통계적 방법을 사용해야 하며, 더 나아가서는 앞에서 언급한 선생님과 학생의 대화에서처럼 문제해결을 위한 철학적인 접근까지도 시도되어야 하는 것입니다.

4. 추론적 자료분석과 맺는 말

모든 사람들이 질문내용도 알지 못한 채 질문에 대답한다는 것은 물론 이상한 일이다. 달리 말하자면, 모든 사람들은 무슨 질병을 갖고 있는지도 모른 채 치료책을 강구하고 있는 것이다.

- 네루 Jawaharlal Nehru

추론적 자료분석은 미지의 모수추정, 가설검정, 미래 관측치 예측, 의사결정 등을 하기 위하여 사용되는 지정된 확률모형에 기초한 통계적 방법론을 말합니다. 모형의 선택은 아마도 우리가 자료로부터 찾고자 하는 특정정보에 좌우될 것입니다. 이것은 반드시 관측된 자료 전체를 설명해야 하는 것은 아니며 특정질문들에 대하여 효과적인 해답을 제공할 수 있으면 됩니다.

고객들이 제기한 특정문제들을 해결하기 위한 자료분석만이 통계학자의 일이라고 할 수는 없습니다. 주어진 자료의 특성을 파악하기 위해 폭넓은 분석을 하면 그 결과를 여러 경우에 유용하게 사용할 수 있습니다. 즉, 이용 가능한 자료로부터 답변할 수 있는 질문들을 찾고자 할 때, 새로운 질문들을 제시하고자 할 때, 또는 추가적인 조사계획을 수립하고자 할 때 그 결과를 이용할 수 있습니다.

물론 서로 다른 여러 가지 가능한 확률모형 하에서 주어진 자료들을 분석한 후 그 결과의 차이점을 점검해 보는 것도 좋은 방법입니다. 이러한 절차는 광범위한 여러 가지 확률모형들에 대해 적응할 수 있도록 안정되게 추론하는 로버스트 추론절차Robust inference procedure보다 훨씬 더 설명적일 수 있습니다. 같은 자료를 가지고 다른 질문에 답하기 위해 다른 모형을 사용하는 것에 대해서도 연구해야 합니다.

추론적 자료분석은 상호작용적이어야 합니다. 왜냐하면 특정모형 하에서 분석작업을 하는 동안 자료의 새로운 특성들이 나타나고 이것들은 원래 의도했던 분석방법을 변경하도록 요구하기 때문입니다.

모의실험은 복잡한 자료구조 하에서 특정절차의 수행능력이나, 추정량의 분산을 추정하기 위한 붓스트랩Bootstrap 기법 또는 잭나이프Jack-knife 기법 등의 수행능력을 평가하는데 사용됩니다(에프론Efron(1979)). 컴퓨터를 많이 사용하는 이러한 모의실험은 비록 분석결과를 해석할 때 몇 가지 주의가 요구되지만 자료분석에 있어 새로운 차원을 제시하였습니다.

추론적 자료분석에는 다음과 같은 공식적 이론이 있습니다. 즉, 일단 모형의 정당성이 확증되면 주어진 표본에 기초해서 정규모집단의 평균의 추정치로 $\bar{x}$를 사용하거나, 비복원으로 추출된 확률표본에 기초해서 유한 모집단의 평균의 추정치로 $\bar{x}$를 사용하는 것처럼 자료를 분석하기 위한 최적의 방법이 있다는 것입니다. 후자의 경우를 예로 들어봅시다. 일렬로 재배되고 있는 나무들 중 세 그루를 표본으로 추출하여 평균 수확량을 추정한다고 가정합시다. x_1, x_2, x_3를 무작위로 추출된 나무들의 수확량이라고 하면, $\bar{x} = (x_1+x_2+x_3)/3$이 하나의 좋은 추정량이 됩니다. 그러나 만약 표본을 선택한 후에 선택된 나무 중 두 그루가 서로 연이어 있는 나무라는 사실을 발견한다면 (수확량은 각각 x_1, x_2로 가정), 추정량 $\hat{x} = (y+x_3)/2$를 사용하는 것이 더 좋을 것입니다. 여기서 $y = (x_1 + x_2)/2$입니다. 만약 연이어 있는 나무들의 수확량이 높은 상관관계를 가지고 있고 표본 중 적어도 두 개가 연이어 있다면 $\hat{x}$의 분산이 $\bar{x}$의 분산보다 더 작습니다. 이처럼 똑같은 확률모형 하에서 표본의 형태가 다를 때 다른 방법들을 사용하는 전략에 대해서 연구해야 합니다.

여기에 "아! 캘커타"라는 문제가 있습니다. 서벵골West Bengal에 있는 캘커타와 기타 도시들-이들을 추출단위라고 합시다-의 인구는 큰 편차를 갖고 있는데 이를 잘 모르는 누군가가 그 추출단위들을 비복원으로 단순 무작위 추출하여 서벵골의 전체 인구를 추정하고자 한다고 합시다. 이 경우 보통 사용되는 식은 여러 가지 면에서 최적의 방법이라고 판명된 $N\bar{x}$입니다. 여기서 N은 서벵골의 총 추출단위 수이고, $\bar{x}$는 무작위로 선택된 n개 추출단위의 평균인구입니다. 그런데 서벵골의 그 어떤 추출단위보다도 수배나 많은 인구를 지닌 캘커타가 표본으로 채택된 경우, 전체인구의 추정치로서 $N\bar{x}$를 제시하는 것은 매우 부당합니다. 특히 n이 작은 경우는 더욱 더 그렇습니다. 표본 중 x_1이 캘커타의 인구라고 가정하면 서벵골의 총인구에 대한 합리적인 추정치는

$$x_1 + \frac{N-1}{n-1}(x_2 + \cdots + x_n)$$

일 것입니다. 즉, 특정한 관측자료를 살펴본 다음 후층화Post stratification를 한 것입니다!

통계학자로서 우리는 가끔 자료를 검사해 볼 기회도 없이 어떤 특정자료에 적합한 통계방법(혹은 소프트웨어 패키지 프로그램)을 제시해 주도록 요구받습니다. 이런 경우 우리는 다음과 같이 답변해야 합니다.

통계적 처방은 전화나 계산대를 통하여 만들어질 수 없습니다.

자료들은 일정한 진단과정을 거쳐야 하고, 그 결과 어떤 특색이 있다면 그것을 고려한 후 처방책이 주어져야 합니다. 그리고 그 이후에도 그 진행과정을 계속하여 지켜본 후 처방에 어떤 변화가 필요하면 변화를 주어야 합니다.

이제 다음과 같이 요약하여 끝을 맺고자 합니다. 통계분석의 목적은 "관측자료로부터 모든 정보를 추출하는 것"입니다. 기록된 자료들은 기록오차나 특이점과 같은 결함들을 가질 수 있고 심지어는 위조될 수도 있습니다. 그러므로 통계학자가 해야할 첫 번째 작업은 존재할지도 모르는 결함을 찾아내기 위해 자료를 검사하거나 점검해보는 것이며 또한 자료의 특색을 이해하는 것입니다. 그 다음 단계는 이전에 수집된 정보나 교차타당성 Cross-validation 기법들을 사용하여 그 자료에 적합한 확률모형을 찾아내는 것입니다. 선택된 모형에 기초하여 추론적 자료분석을 하게 되는데, 이 분석은 미지의 모수추정, 가설검정, 미래 관측치 예측, 의사결정 등으로 구성됩니다. 여러 가지 확률모형들에 대해 적응할 수 있도록 안정되게 추론하는 로버스트 절차를 사용하는 것보다는 여러 가지 다른 가능성 있는 모형 하에서 자료들을 점검해보는 것이 더 유익합니다. 자료분석을 통하여 새로운 질문을 제시하고 추가적인 조사계획을 수립하기 위한 정보가 제공되어야 합니다.

마지막으로 언급하고 싶은 것은 통계학자들과 실험과학자들 사이에 공동연구가 활발히 수행되어야 한다는 점입니다. 통계학자는 과학자들이 - 그들이 제기하는 문제들에 관해 최대의 정보를 얻을 수 있게끔 - 효과적으로 실험을 설계하는데 도움을 줄 수 있습니다. 또한 과학자에게 가설을 점검하는 지침서나 자료에 이상징후가 있을 때 그 가설을 수정하게 하는 지침서를 제공해 줄 수 있습니다. 현대 실험계획의 아버지로 불리는 피셔는 다음과 같이 말했습니다.

실험이 끝난 후 통계전문가와 상담하는 것은 단지 시체해부를 요청하는 것이나 마찬가지입니다. 아마도 그는 실험이 망가진 이유에 대해 언급할 것입니다.

＊참고문헌

- Chatfield, C.(1985). The Initial examination of data, *J. Roy. Stat. Soc.,* A, 148, 214-253.
- Cleveland, W.S.(1993). *Visualizing Data,* AT&T Bell Laboratories, Murray Hill, New Jersey.
- Efron, B.(1979). Bootstrap methods: Another look at jack-knife, *Ann. Statist.,* 7, 1-26.
- Fisher, R.A.(1922). On the mathematical foundations of theoretical statistics, *Philos. Trans. Roy. Soc.,* 222, 309-368.
- Fisher, R.A.(1925). *Statistical Methods for Research Workers,* Olivia and Boyd.
- Fisher, R.A.(1934). The effect of method of ascertainment upon estimation of frequencies, *Ann. Eugen.,* 6, 13-25.
- Fisher, R.A.(1936). Has Mendel's work been rediscovered?, *Annals of Science,* 1, 115-137.
- Fox, J.P., Hall, C.E. and Elveback, L.R.(1970). *Epidemiology, Man and Disease,* MacMillan Co, London.
- Hacking, Ian(1984). Trial by number, *Science,* 84, 69-70.
- Haldane, J.B.S.(1948). The faking of generic results, *Eureka,* 6, 21-28.
- Mahalanobis, P.C.(1931). Revision of Risley's anthropometric data relating to the tribes and castes of Bengals, *Sankhya,* 1, 76-105.
- Mahalanobis, P.C.(1944). On large scale sample surveys, *Philos. Trans. Roy. Soc.,* London, Series B, 231, 329-451.
- Majumdar, D.N. and Rao, C. Radhakrishna(1958). Bengal anthropometric survey, 1945: A statistical study, *Sankhya,* 19, 201-408.
- Mosteller, F. and Tukey, J.W.(1968). Data analysis including statistics. In *Handbook of Social Psychology,* Vol. 2 (Eds. G. Linzey and E. Aronson), Addison-Wesley.
- Mukherji, R.K., Rao, C.R. and Trevor, J.C.(1955). *The Ancient Inhabitants of Jebel Moya,* Cambridge University Press.
- Neyman, J. and Pearson, E.S.(1966). *Joint Statistical Papers by J.*

Neyman and E.S. Pearson, Univ. of California Press, Berkeley.

- Pearson, K.(1914-15). On the probability that two independent distributions of frequency are really samples of the same population, with special references to recent work on the identity of Trypanosome strains, *Biometrika,* 10, 85-154.
- Pingle, U.(1982). *Morphological and Genetic Composition of Gonds of Central India: A statistical study,* Ph.D. Thesis, submitted to Indian Statistical Institute.
- Pitman, E.J.G.(1947). Significance tests which may be applied to samples from any population, *J. Roy. Statist. Soc.* B, 4, 119-130.
- Rao, C. Radhakrishna(1948). The utilization of multiple measurements in problems of biological classification. *J. Roy. Statist. Soc.* B, 10, 159-203.
- Rao, C. Radhakrishna(1971). Taxonomy in anthropology. In *Mathematics in Archeological and Historical Sciences,* Edin. Univ. Press, 329-358.
- Rao, C. Radhakrishna(1987). Prediction of future observations in growth curve models, *Statistical Sciences,* 2, 434-471.
- Shewart, W.A.(1931). *Economic Control of Quality of Manufactured Product,* D. Van Nostrand, New York.
- Tukey, J.(1962). The future of data analysis, *Ann. Math. Statist.,* 30, 1-67.
- Tukey, J.(1977). *Exploratory Data Analysis(EDA),* Addison Wesley.
- Wald, A.(1950). *Statistical Decision Functions,* Wiley, New York.

*본문에 인용되지 않은 참고문헌

- Andrews, D.F.(1978). Data analysis, exploratory. In *International Encyclopedia of Statistics* (W.S. Kruskal and J.M. Tanur, ed.), 97-106, The Free Press, New York.
- Anscombe, F.J. and Tukey, J.W.(1963). The examination and analysis of residuals, *Technometrics*, 5, 141-160.
- Bertin, J.(1980). *Graphics and Graphical Analysis of Data*, Degruyter, Berlin.
- Mallows, C.L. and Tukey, J.W.(1982). An overview of the techniques of data analysis, emphasizing its exploratory aspects. In Some Recent *Advances in Statistics*, 113-172, Academic Press.
- Rao, C.R.(1971). Data, analysis and statistical thinking. In *Economic and Social Development, Essays in Honor of C.D. Deskmukh*, 383-392 (Vora and Company).
- Solomon, H.(1982). Mearsurement and burden of evidence. In *Some Recent Advances in Statistics*, 1-22, Academic Press.
- Watcher, K.W. and Straff, M.L.(1990). *The Future of Meta Analysis*, Russel Sage Foundation.

제4장

가중분포
: 편향이
  내재된 자료

과학은 설명하려 하거나 해석하려 하지 않으며 주로 모형을 만들 뿐이다. 모형이란 관측현상을 기술하는 수학적 구조물을 의미한다. 이러한 수학적 구조물을 사용하는 이유는 전적으로 그리고 분명하게 그것이 제대로 기능할 것으로 기대되기 때문이다.

- 폰 노이만von Neumann

1. 모형설정 Specification

모집단에서 추출한 표본을 근거로 하여 모집단에 대하여 서술하는 통계적 추론에서는, 추출할 수 있는 모든 가능한 표본들의 집합 Ω와 그 표본들과 관련된 실제 확률분포가 소속된 확률분포군 P를 규정해야 합니다. 추론적 자료분석에서는 P의 선택, 즉 모형설정 Specification이 매우 중요합니다. 모형설정이 잘못되면 추론도 잘못될 수 있는데 이를 때때로 제3종 오류 Third kind of error라고 합니다.

모형설정의 문제는 단순하지가 않습니다. 자료를 얻을 때 실제로 적용된 절차를 자세히 숙지하는 것이 적절한 모형설정에 도달하는 중요한 요소가 됩니다. 현장에서 얻어지는 관측자료나 비실험자료의 경우 상황은 더욱 복잡해지는데, 그 이유는 자연스럽게 어떤 확률모형에 따라 사건들이 만들어지며 이러한 사건들을 현장 조사원이 관찰하고 기록하기 때문입니다. 표본을 구성하는 사건들이 정해진 확률(대개는 등확률)을 갖고 발생하도록 하는 적절한 표본추출 프레임이 항상 존재하는 것이 아닙니다. 실제로 자연에서 일어날 수 있는 모든 사건들을 표본 프레임에 넣을 수는 없습니다. 예를 들어 어떤 사건들은 관측이 불가능하므로 기록에 누락될 수밖에 없습니다. 이런 경우에는 이른 바 절단된 또는 불완전한 표본 Truncated, censored or incomplete samples이 됩니다. 또는 어떤 사건은 관측 가능하지만 발생확률이 그 사건의 본질-눈에 잘 띈다든지 또는 관찰할 때 적용된 절차 때문에-에 따라 다르기 때문에 비등확률 표본추출 Unequal probability sampling이 됩니다. 또는 어떤 사건은 관측 도중에 무작위로 변하기 때문에 기록할 때는 수정된 사건이 되므로 이러한 변화 Change나 손상 Damage을 통계분석에서 적절히 모형화해야 합니다. 때로는 서로 다른 확률 메커니즘을 갖는 두 개 이상의 자료원으로부터 얻어진 사건들이 혼합 기록되어 오염된 Contaminated 표본이 되기도 합니다. 이러한 모든 경우에 원래의 사건들(발생 당시)에 대한 모형설정이(관측자료로) 얻을 당시의 사건들에 대한 것으로 적합하지 않을 수 있습니다. 따라서 이러한 경우에는 모형설정을 적절하게 수정해야 합니다.

피셔(1934)는 그의 고전적인 논문에서 자료를 얻는 방법에 따라 모형설정을 적절히 조정할 필요가 있음을 보여 주었습니다. 필자는 피셔의 기본 아이디어를 확장하였으며(라오(1965, 1973, 1975, 1977, 1985) 참조), 여러 가지 상황에 응용할 수 있는 하나의 조정방법으로써 가중분포Weighted distributions 이론을 개발하였습니다. 몇 가지 예를 통하여 가중분포에 관한 일반이론을 논의하고자 합니다. 이 장은 수리적 결과를 생략한 채 읽어도 됩니다.

2. 절단화Truncation

어떤 사건들은 발생하긴 하지만 확인할 수 없기 때문에 관측분포는 표본공간의 일부영역에서만 나타납니다. 예를 들어 곤충이 낳은 알의 개수의 분포를 조사하는 경우 알의 수가 영Zero인 도수는 얻을 수 없습니다. 또 다른 예는 양친은 색소결핍증 환자이지만 그 자식은 색소결핍증 환자가 아닌 가정의 도수입니다. 자식이 색소결핍증 환자가 아니라면 그 부모가 색소결핍증 환자일 증거는 없습니다. 또한 그런 가정은 정상적인 가정과 섞여있게 마련입니다. 따라서 색소결핍증이 없는 자식을 둔 가정의 실제도수는 조사될 수 없습니다.

일반적으로 $p(x,\Theta)$를 미지의 모수를 Θ로 하는 확률밀도함수(p.d.f.)라 하고 확률변수 x가 표본공간의 일정영역 $T \subset \Omega$으로 절단되었다면, 절단된 확률변수 x^T의 p.d.f.는

$$p^T(x,\Theta) = \frac{w(x,T)p(x,\Theta)}{u(T,\Theta)} \tag{2.1}$$

입니다. 여기서

$$w(x,T) = \begin{cases} 1, & x \in T \text{인 경우} \\ 0, & x \notin T \text{인 경우} \end{cases}$$

이며, $u(T,\Theta) = E[w(X, T)]$입니다. 시(2.1)은 적절한 함수를 가중치로 한 가중확률밀도함수로써 가중확률분포의 간단한 예입니다. 가중확률분포에 관한 일반

적인 정의는 다음절에서 설명하겠습니다.

성공의 확률이 π이고 지수가 n인 이항분포에서 표본을 추출할 때 사건 영(zero)을 관측할 수 없다고 가정합시다. R^T를 절단이항Truncated binomial(TB) 확률변수라 합시다. 그러면

$$P(R^T=r) = \frac{n!}{r!(n-r)!} \cdot \frac{\pi^r(1-\pi)^{n-r}}{1-(1-\pi)^n}, \quad r=1,\cdots,n \qquad (2.2)$$

입니다. 이 분포에 대해서

$$E(R^T) = \frac{n\pi}{1-(1-\pi)^n}, \quad E(R^T/n) = \frac{\pi}{1-(1-\pi)^n} \qquad (2.3)$$

인데, 완전한 이항분포에서는 이들 기대치는 각각 $n\pi$ 과 π 이므로 이들보다는 약간 큰 값입니다.

다음의 자료는 유럽에 사는 한 교수의 개인 전화수첩에 적혀있는 여학생들을 대상으로 그들의 가족 중 남자형제와 여자형제의 수를 조사하여 기록한 것입니다.(괄호 안의 첫 번째 숫자는 본인을 포함한 여자형제의 수를 나타내며, 두 번째 숫자는 남자형제의 수를 나타낸다.)

$$\begin{gathered}(1,0), (1,0), (1,1), (1,1), (1,1), (1,1), (1,1), (1,1), (1,1), (1,1),\\(1,1), (2,0), (2,0), (2,0), (2,1), (2,1), (2,1), (2,1), (1,2), (1,2),\\(3,0), (3,1), (3,1), (1,3), (1,3), (4,0), (4,1), (1,4).\end{gathered} \qquad (2.4)$$

조사 가정에는 적어도 여학생 한 명이 존재하므로 여자형제 수가 영인 가정은 없습니다. 따라서 이 자료는 여자형제가 영인 사건이 결측된 TB 분포(즉, 영에서 절단된 이항분포)에 따르게 됩니다. 이러한 가정 하에 π=0.5 일 때 여자형제 수의 기대치는

$$\sum_{n=1}^{5} f(n) E(r|n) \qquad (2.5)$$

입니다. 여기서 $f(n)$은 크기가 n(남자형제와 여자형제의 전체 수)인 가족의 관측도수입니다. 위의 식(2.3), 식(2.5)와 자료(2.4)를 이용하면 다음과 같은 결과를 얻게 됩니다.

	관측치	기대치
여자형제 수	47	46
남자형제 수	30	31

TB분포의 가정 하에서 관측치는 기대치와 잘 일치하는 것을 알 수 있습니다. 다음의 자료는 캘커타에 사는 한 남학생의 여자친구들을 대상으로 그 가족의 여자형제와 남자형제 수를 조사한 것입니다. 이 자료는 위의 예와 비슷한 상황에서 얻은 것이지만 결과는 다릅니다.

(2,1), (1,1), (3,0), (2,0), (3,1), (1,0), (2,1), (1,0), (1,1), (1,1). (2.6)

TB분포의 가정 하에서 여자형제 수의 기대치는 14.6이고(식(2.3)과 식(2.5) 사용) 관측치는 17입니다. 이 경우 자료(2.6)에는 TB분포가 적절하지 않습니다. 유럽에 사는 교수와 캘커타에 사는 남학생이 여학생을 만나는 메커니즘은 다른 모양입니다.

도시의 많은 가구를 표본으로 추출하여 각 가구에서 남녀형제 수를 조사한다면 여자형제 수는 완전한 이항분포에 따르는 것으로 기대할 수 있습니다. 이러한 자료에서 여자형제가 없는 가구를 제외하면, 그 자료는 TB분포를 따르게 될 것입니다. 앞의 교수는 적어도 한 명의 여학생이 있는 가구의 모집단에서 표본을 추출한 듯합니다. 다음절에서는 남녀를 구분하지 않고 만나게 되는 학생들의 가정에서 남녀형제들을 조사했을 때 이 자료가 다른 분포에 따른다는 것을 보여드리겠습니다. 캘커타 남학생의 경우가 이 범주에 속하는 것 같습니다.

3. 가중분포

앞의 2절에서는 어떤 사건을 관측할 수 없을 때의 상황을 고려하였습니다. 그러나 보다 일반적인 경우는 발생한 사건이 일정한 확률을 가지고 기록되는(또는 표본에 포함되는) 경우입니다. 확률변수 X의 확률밀도함수가 $p(x, \theta)$라 합시다. 여기서 θ는 모수입니다. $X=x$라는 사건이 발생할 때, 그 사건이 기록될 확률이 $w(x, \alpha)$라고 합시다. 여기서 $w(x, \alpha)$는 관측치 x와 어떤 미지의 모수 α에 의존합니다. 그러면 이러한 확률변수 X^w의 확률밀도함수는

$$p^w(x, \theta, \alpha) = \frac{w(x, \alpha) p(x, \theta)}{E[w(X, \alpha)]} \tag{3.1}$$

입니다. 식(3.1)을 유도할 때, 0과 1사이의 함수 $w(x, \alpha)$를 선택했지만 $E[w(x, \alpha)]$가 존재하는 어떠한 임의의 비음함수Nonnegative function $w(x, \alpha)$에 대해서도 식(3.1)을 정의할 수 있습니다. 이와 같이 얻어진 밀도함수를 $p(x, \theta)$의 가중밀도함수라 하며 $p^w(x, \theta)$로 표기합시다. 특히 가중분포 Weighted distribution

$$p^w(x, \theta) = \frac{f(x) p(x, \theta)}{E(f(X))} \tag{3.2}$$

를 크기차별화 분포Size biased distribution라 합니다. 여기서 $f(x)$는 x의 단조함수입니다. X가 음이 아닌 일변량 확률변수일 때, 라오(1965)에 의해 소개된 다음의 가중분포

$$p^w(x, \theta) = \frac{x^\alpha p(x, \theta)}{E(X^\alpha)} \tag{3.3}$$

는 여러 가지 실제문제에 응용되었습니다(라오(1985) 참조). $\alpha=1$일 때, 식(3.3)을 길이(크기)차별화 분포라 부릅니다. 예를 들면 확률변수 X가 대수열 Logarithmic series 분포

$$P(X=r) = \frac{\theta^r}{-r \log(1-\theta)} \cdot r = 1, 2, \cdots \tag{3.4}$$

를 갖는다면, 길이차별화 변수의 분포는

$$P(X^w = r) = (1-\theta)\theta^{r-1}, \; r = 1, 2, \cdots \tag{3.5}$$

이 됩니다. 이것은 X^w-1이 기하분포에 따른다는 것을 보여줍니다. 절단기하분포Truncated geometric distribution가 때때로 가족 크기에 관한 관측분포에 잘 적합되기도 합니다(펠러Feller(1968)). 그러나 학교어린이를 대상으로 가족크기를 조사한다면 이때의 관측치는 크기차별화 분포를 가질 수 있습니다. 이러한 경우 기하분포로 적합시키게 되는데 이는 원래 분포가 사실상 대수열분포라는 것을 의미하는 것입니다.

라오(1965, 1985)에서 알 수 있듯이 많은 이산형 분포에서 크기차별화 분포는 원래의 분포와 같은 분포군에 속합니다. 한가지 예외는 대수열분포입니다.

라오(1965)에서 가중분포에 관한 개념이 정의된 이후 가중분포에 관한 많은 논문이 발표되었습니다. 파틸과 라오Patil and Rao(1977, 1978), 파틸과 오드Patil and Ord(1976)의 초창기 논문과 함께 파틸Patil(1984)의 논문에서 많은 문헌들이 검토되었습니다. 라오(1985)는 그 동안에 발표된 논문들에 대한 검토와 함께 새로운 결과를 발표하였습니다.

4. 크기비례확률에 의한 표본추출P.p.s. sampling

비등확률Unequal probability 표본추출방법이나 크기비례확률Probability proportional to size(p.p.s.) 표본추출방법으로 표본조사를 할 경우에 가중분포가 발생합니다. 두개의 확률변수 X,Y의 결합밀도함수 $p^W(x, y, \theta)$와 y만의 함수인 가중함수 $w(y)$를 고려하면, 가중밀도함수는

$$p^w(x,y,\theta) = \frac{w(y)p(x,y,\theta)}{E[w(Y)]} \tag{4.1}$$

입니다. 표본조사에서는 밀도함수 (4.1)의 결합확률변수 (X^W, Y^W)에 관한 관측

치를 얻어 모수 θ에 관한 추론을 하게됩니다.

X^W의 주변밀도함수

$$p^W(x,\theta) = \frac{w(x,\theta)p(x,\theta)}{E[w(X,\theta)]} \qquad (4.2)$$

는 $p(x, \theta)$를 가중한 것으로 이 때의 가중함수는

$$w(x,\theta) = \int p(y|x,\theta)w(y)dy \qquad (4.3)$$

입니다. 크기 n의 표본

$$(x_1, y_1), \cdots, (x_n, y_n) \qquad (4.4)$$

을 분포 (4.1)로부터 얻는다면, 원래밀도함수 $p(x, y, \theta)$의 평균 $E(X)$의 추정치는

$$\frac{E[w(Y)]}{n} \sum_{i=1}^{n} \frac{x_i}{w(y_i)} \qquad (4.5)$$

인데, 이는 관심있는 모수 $E(X)$의 불편추정량입니다. 추정량

$$\frac{1}{n} \sum_{i=1}^{n} x_i \qquad (4.6)$$

는 식(4.2)의 가중밀도함수 $p^W(x, \theta)$의 평균인 $E(X^W)$ 의 불편추정량입니다.

5. 가중이항분포: 경험적 정리들 ×

시간과 장소에 구애받지 않고 어떤 모임이나 어떤 강의실의 남자들을 대상으로 그들의 남녀형제 수를 조사한 후 다음과 같은 문제를 고려해 봅시다. 총 조사가구에서 남자형제(본인 포함)와 여자형제의 합계를 각각 B, S라 하면 $\frac{B}{B+S}$의 근사값은 얼마일까요? 이는 남자형제가 적어도 한 명 이상인 가구의 절단분포로

부터 추출된 표본으로 볼 수 있으므로 $\frac{B}{B+S}$는 $\frac{1}{2}$보다 클 것입니다. 그러면 얼마나 크겠습니까? 놀랍게도, 조사된 남학생의 수 k가 아주 작지 않으면 B와 S의 상대적인 크기와 비율 $\frac{B}{B+S}$를 정확히 예측할 수 있습니다. 이것은 다음과 같은 경험적 정리의 형태로 서술할 수 있습니다.

경험적 정리1: 시간과 장소에 구애받지 않고 어떤 모임에서 관측된 남자구성원이 전체 k명이고, 그들이 총 B명의 남자형제(당사자 포함)와 총 S명의 여자형제를 가진다고 하자. 그러면, 다음과 같이 예측할 수 있다.

① B가 S보다 훨씬 크다.

② $B-k$는 근사적으로 S와 같다.

③ $\frac{B}{B+S}$는 $\frac{1}{2}$보다 크며, $\frac{1}{2} + \frac{k}{2(B+S)}$에 가까울 것이다.

④ $(B-k)/(B+S-k)$는 $\frac{1}{2}$에 가깝다.

위의 자료를 그 모임의 여자구성원들로부터 얻는다면 B와 S의 역할이 바뀝니다. n명의 어린이가 있는 가족을 생각합시다. $n=1/2$이고 반복수가 n인 이항분포를 가정할 때, 남자어린이가 r명일 확률은 다음과 같습니다.

$$p(r) = \frac{n! \, 2^{-2}}{r!(n-r)!}, \quad r = 0, 1, 2, \cdots \tag{5.1}$$

우리가 여기서 고려하는 문제는 적어도 한 명의 남자 어린이가 있는 경우이므로 절단분포가 적절할 것입니다. 우선 한가지 생각할 수 있는 것은 다음의 절단이항분포(TB)이며,

$$p^T(r) = \frac{n!}{r!(n-r)!} \frac{1}{2^n - 1}, \quad r = 1, 2, \cdots \tag{5.2}$$

또 다른 것으로는 다음의 크기차별화 이항분포(WB)입니다.

$$p^W(r) = \frac{2}{n} r \binom{n}{r} \left(\frac{1}{2}\right)^n = \binom{n-1}{r-1} \left(\frac{1}{2}\right)^{n-1}, \quad r = 1, 2, \cdots \tag{5.3}$$

라오(1977)는 관측된 자료에 대해서 식(5.3)이 식(5.2)보다 더 적합하다고 주장하였습니다. <표4.1>은 샹하이(중국), 마닐라(필리핀), 봄베이(인도)에 있는

대학의 남녀 학생들을 대상으로 수집된 자료에서 얻어진 것으로서, 그들의 남자형제 수에 관한 관측도수분포와 식(5.2)의 TB와 식(5.3)의 WB 가정 하에서의 기대치를 보여줍니다.

<표4.1>로부터 WB(가중이항분포)가 TB(절단이항분포)보다 더 적합하다는 것을 알 수 있습니다. 이것은 r명의 남자형제가 있는 가정은 r에 비례하는 확률로 추출된다는 것을 의미합니다.

표4.1 다양한 가족크기의 가정에서 남자형제 수에 관한 관측도수와 TB, WB 분포 하에서의 기대도수

남자형제수	n=1			n=2			n=3		
	관측도수	기대도수		관측도수	기대도수		관측도수	기대도수	
		TB	WB		TB	WB		TB	WB
1	6	6	6	24	28.7	21.5	12	20.1	11.7
2				19	14.3	21.5	24	20.2	23.6
3							11	6.7	11.7
합계	6	6	6	43	43.0	43.0	47	47.0	47.0

표4.1 계속

남자형제수	n=4			n=5			n=6		
	관측도수	기대도수		관측도수	기대도수		관측도수	기대도수	
		TB	WB		TB	WB		TB	WB
1	8	11.2	5.3	5	6.5	2.5	1	1.9	0.6
2	10	16.8	15.7	8	12.9	10.0	4	4.8	3.1
3	17	11.2	15.7	15	12.9	15.0	4	6.3	6.3
4	7	2.8	5.3	10	6.5	10.0	9	4.8	6.3
5				2	1.2	2.5	2	1.9	3.1
6							0	0.3	0.6
합계	42	42.0	42.0	40	40.0	40.0	20	20.0	20.0

(상하이, 마닐라, 봄베이의 학생들로부터 얻은 자료)

식(5.3)에서와 같이 가중(크기차별화) 이항분포를 가정하면, 다음의 기대치를 구할 수 있습니다. 즉,

$$E(r|n) = \sum_{r=1}^{n} r \binom{n-1}{r-1} \left(\frac{1}{2}\right)^{n-1} = \frac{n+1}{2} \tag{5.4}$$

$$\Rightarrow E(r-1) = \frac{n-1}{2}. \tag{5.5}$$

$(r_1, n_1), \cdots, (r_k, n_k)$를 관측자료라 하고, $S=T-B$, $B=r_1+\cdots+r_k$, $T=n_1+\cdots+n_k$라고 합시다. 그러면 주어진 T에 대해서

$$E(B-k) = \sum_{1}^{k} E(r_i - 1) = \sum_{1}^{k} \frac{n_i - 1}{2} = \frac{Y-k}{2} = E(S) \tag{5.6}$$

$$E(B) = \frac{T+k}{2}, \quad E\left(\frac{B}{T}\right) = E\left(\frac{B}{B+S}\right) = \frac{1}{2} + \frac{k}{2(B+S)} \tag{5.7}$$

입니다. 위의 식(5.6), (5.7)에서 기대치 기호를 제거하면 경험적 정리 1에서와 같은 근사적 등식을 얻을 수 있습니다.

지난 20년 동안 세계각국에서 강의하면서, 나의 강의를 수강한 교수들이나 학생들로부터 그들의 남자형제와 여자형제의 수에 관한 자료를 수집했습니다. 그 결과는 <표4.2-표4.5>에 요약되어 있습니다. 가중이항분포의 가설에 근거한 경험적 정리1의 예측은 실제로 모든 경우에 잘 맞는다는 것을 알 수 있습니다. 가중이항분포의 검정으로서, 근사적으로 자유도 1의 카이제곱분포를 하는 다음의 통계량

$$\chi^2 = \frac{4([B-k]-[(T-k)/2])^2}{T-k} \tag{5.8}$$

을 각각의 경우에 계산하였습니다. 카이제곱 값은 모두 작으므로 가중이항분포의 가능성을 보여주고 있습니다.[실제로는 카이제곱 값이 너무 작아서 관측자료를 얻은 메커니즘에 대하여 좀 더 세밀한 연구가 필요합니다.]

표4.2 남자응답자(학생)로부터 얻은 자료

장소와 연도	k	B	S	$\frac{B}{B+S}$	$\frac{B-k}{B+S-k}$	x^2
방갈로르(인도, 75)	55	180	127	.586	.496	.02
델리(인도, 75)	29	92	66	.582	.490	.07
캘커타(인도, 63)	104	414	312	.570	.498	.04
월테르(인도, 69)	39	123	88	.583	.491	.09
아메다바드(인도, 75)	29	84	49	.632	.523	.35
티루패티(인도, 75)	592	1902	1274	.599	.484	.50
푸나(인도, 75)	47	125	65	.658	.545	1.18
하이데라바드(인도, 74)	25	72	53	.576	.470	.36
테헤란(이란, 75)	21	65	40	.619	.500	.19
이스파한(이란, 75)	11	43	32	.584	.515	.06
토쿄(일본, 75)	50	90	34	.725	.540	.49
리마(페루, 82)	38	132	87	.603	.519	.27
샹하이(중국, 82)	74	193	132	.594	.474	.67
콜럼버스(미국, 75)	29	65	52	.556	.409	2.91
칼리지St.(미국, 76)	63	152	90	.628	.497	.01
합계	1206	3734	2501	.600	.503	0.14

k=학생수, B=응답자를 포함한 남자형제의 총수, S=여자형제의 총수, $(B-k)/(B+S-k)$=크기차별화 분포 하에서의 π의 추정치

표4.3 여자응답자(여학생)로부터 얻은 자료

장소와 연도	k	B	S	$\frac{B}{B+S}$	$\frac{B-k}{B+S-k}$	x^2
리마(페루, 82)	16	37	48	.565	.464	.36
로스바노스(필리핀, 83)	44	101	139	.579	.485	.18
마닐라(필리핀, 83)	84	197	281	.588	.500	.00
빌바오(스페인, 83)	14	19	35	.576	.525	.10
샹하이(중국, 82)	27	28	55	.662	.500	.00

표4.4 남자응답자(교수)로부터 얻은 자료

장소와 연도	k	B	S	$\frac{B}{B+S}$	$\frac{B-k}{B+S-k}$	x^2
칼리지St.(미국, 75)	28	80	37	.690	.584	2.53
바르샤바(폴란드, 75)	18	41	21	.660	.525	2.52
포츠난(폴란드, 75)	24	50	17	.746	.567	1.88
피츠버그(미국, 81)	69	169	77	.687	.565	2.99
티루패티(인도, 76)	50	172	132	.566	.480	0.39
마라카이보(베네스웰라, 82)	24	95	56	.629	.559	1.77
리치몬드(미국, 81)	26	57	29	.663	.517	0.03
합계	239	664	369	.642	.535	3.95

참고1. 식 (5.7)로부터, 평균적 가족크기 $f = (B+S)/k$ 에 대한 $\frac{B}{B+S}$ 의 기대치는 f의 여러 값에 대해 다음과 같습니다.

f:	1	2	3	4	5	6
$E(\frac{B}{B+S})$:	1	.75	.67	.625	.6	.58

<표4.4>는 교수로부터 얻은 자료인데 상황이 이전 것과 약간 다릅니다. 추정된 비율은 각 경우에 1/2보다 크며, 카이제곱 값은 높습니다. 이는 이 자료에 짂힙한 가중함수가 남자형제 수 r보다 큰 차수라는 것을 의미합니다. 남자교수들은 딸보다 아들이 많은 가족으로부터 나온 듯 합니다!

이러한 값들을 보면 평균 가족크기가 6을 넘지 않는 경우, 임의의 모임에서 남자구성원으로부터 조사된 남자형제의 총수(B)와 여자형제의 총수(S)에 관해 다음과 같이 예측할 수 있습니다.

① B는 S보다 훨씬 크다.

② $B/(B+S)$는 0.6에 가까운 값으로 1/2 보다는 2/3에 가깝다.

③ $B/(B+S-k)$는 1/2에 더 가깝다. 여기서 k는 질문에 응답한 남자구성원수를 나타낸다.

놀랍게도 이 예측은 k(모임의 남자구성원수)가 작더라도 유효합니다. [이것은 강의실이나 청중이 모인 장소에서 해볼 수 있는 좋은 실험이 될 것입니다. 이런 예측을 미리 해본 다음 남자구성원들(또는 여자구성원들)로부터 자료를 수집한 후에 예측의 정확성을 파악할 수 있습니다.]

참고2. 가중이항분포에서 $n=1,2,\cdots$ 에 대한 사건 $B>S$, $B=S$, $B<S$의 확률은 <표4.5>와 같습니다. 확률 $P(B>S)$가 각 n에 대해서 확률 $P(B<S)$ 보다 훨씬 크므로, 어떤 모임에 참석한 청중을 대상으로 조사해 보면 b_g($B>S$인 가정에 속한 남자청중들)의 b_l($B<S$인 가정에 속한 남자청중들)에 대한 비율은 큰 값을 갖는 경향을 보일 것입니다. 또한 이 비율은 가족크기의 분포에 의존하게 됩니다.

표4.5 사건 $B>S$, $B=S$, $B<S$의 확률
(남자형제 수에 비례하는 가중치를 갖는 가중이항분포)

n	1	2	3	4	5	6	7	8	9	10
$B>S$	1	1/2	3/4	1/2	11/16	1/2	42/64	1/2	163/256	1/2
$B=S$	0	1/2	0	3/8	0	10/32	0	35/128	0	90/512
$B<S$	0	0	1/4	1/8	5/16	6/32	22/64	29/128	93/256	166/512

또 다른 경험적 정리는 다음과 같습니다.

경험적 정리2: b_g와 b_l의 비율은 근사적으로 그들의 기대치

$$E(b_g) = p_1 + \frac{3}{4}p_3 + \frac{11}{16}p_5 + \cdots + \frac{1}{2}(p_2 + p_4 + \cdots) \quad (5.9)$$

$$E(b_l) = \frac{1}{4}p_3 + \frac{1}{8}p_4 + \cdots \quad (5.10)$$

의 비율과 같다. 여기서 p_n은 n명의 어린이가 있는 가정의 숫자이다.

평균적 가족크기가 작은 서양의 청중에게서는 $b_g:b_l$의 비율은 4:1보다 크며, 동양의 경우에는 2:1보다 큽니다. 이는 1:1과 비교할 때 상당히 높은 것입니다. [이런 현상은 청중가운데 범주 $B>S$와 $B<S$에 속한 사람들이 몇 명인가를 거수로 헤아려 봄으로써 쉽게 예측하고 입증할 수 있습니다. 이것은 강의실이나 청중이 모인 장소에서 해볼 수 있는 좋은 실험이 될 것입니다.]

참고3. 가족의 크기가 $N=n$이고 이 중 남자형제 수가 $B=b$가 될 확률을 $p(b,n)$이라 하고, 이런 가족을 선택할 확률이 b에 비례한다고 합시다. 그러면

$$p^w(b,n) = \frac{bp(b,n)}{E(B)} = \frac{bp(n)p(b|n)}{E(B)}, \qquad (5.11)$$

$$p^w(n) = \frac{E(B|n)}{E(B)} p(n). \qquad (5.12)$$

$P(b|n)$이 이항분포일 때,

$$p^w(n) = \frac{np(n)}{E(N)}, \quad E^w(\frac{1}{N}) = \frac{1}{E(N)} \qquad (5.13)$$

이므로, 확률변수 N^W에 관한 관측치(즉, 분포 (5.11) 또는 (5.12)로부터의 관측치) $n_1, \cdots, n_k$의 조화평균

$$\frac{k}{\sum n_i^{-1}} \qquad (5.14)$$

는 원래 모집단에서의 $E(N)$에 대한 추정치입니다. $p(n)$의 형태가 알려져 있다면, 확률밀도함수 (5.12)를 이용하여 표본 $n_1, \cdots, n_k$의 우도함수를 구할 수 있으며, 최우법으로 미지의 모수를 결정할 수 있습니다.

6. 알코올중독과 가족크기 및 출생순서 ˟

스마트Smart(1963, 1964)와 스프로트Sprott(1964)는 온타리오에 있는 세 곳의 알코올중독 클리닉에 수용된 242명의 환자를 대상으로 그들의 가족크기 및 출생순서를 조사하였으며, 이 자료를 이용하여 알코올중독과 관련된 많은 가설들을 검토하였습니다. 표본추출방법은 5절에서 논의된 방법입니다.

검정하고자 하는 가설 중 하나는 "규모가 큰 가정이 예상보다 많은 알코올중독 자녀를 갖는가" 하는 것이었습니다. 알코올중독자가 예상대로일 것이라는 귀무가설은 가족크기에 관한 관측치가 가중분포

$$np(n)/E(N), \quad n=1,2,\cdots \tag{6.1}$$

로부터 관측된 것을 의미하는 것으로 해석되었습니다. 여기서 $p(n)$, $n=1,2,\cdots$는 일반 모집단에서의 가족크기에 관한 분포입니다. 스마트와 스프로트는 그들의 분석에서 1931년도 온타리오주 센서스자료의 가족크기에 관한 분포를 $p(n)$으로 이용했습니다. 그렇다면 그들의 연구에서 가족크기에 관해 관측된 분포가 식(6.1)의 분포와 일치하는지를 검정하는 것은 단순한 문제가 될 것입니다.

만일 각 개인(알코올중독자이든 아니든)을 일반 모집단에서 무작위로 추출하여 그들의 가족크기를 조사한다면 식(6.1)의 분포가 적절할 것입니다. 그러나 스마트와 스프로트가 했던 것처럼 조사를 클리닉에 수용된 알코올중독자로 제한했을 경우 식 (6.1)이 적절할 것인가의 문제는 분명하지 않습니다. 이것은 한 가정에서의 알코올중독자수가 이항분포에 따르고 (일련의 독립적인 시행에서 실패회수처럼) 모든 알코올중독자가 클리닉에 수용될 확률이 독립적으로 같다는 가정 하에 일어날 수 있는 일입니다.

한 개인이 알코올중독자가 될 확률이 π라고 하고, 가족 내에서 알코올중독자가 될 확률은 서로 독립이라고 가정합시다. p(n), n=1,2,… 는 일반 모집단에서 가족크기(알코올중독자의 유무에 관계없이)의 확률분포라 합시다. 그러면, 가족크기가 n이고 이 가운데 알코올중독자가 r일 확률은

$$p(n)\binom{n}{r}\pi^r \varphi^{n-r}, \ r=0,\cdots,n : n=1,2,\cdots \tag{6.2}$$

입니다. 여기서 φ=(1-π)입니다. 식(6.2)로부터 한 가정에 적어도 한 명의 알코올 중독자가 있는 조건 하에서, 일반모집단의 가족크기의 분포는

$$\frac{(1-\varphi^n)}{1-E(\varphi^N)}p(n), \ n=1,2,\cdots \tag{6.3}$$

입니다. 가구를 무작위로 추출해서 적어도 한 명의 알코올중독자가 있는 가구를 기록한다면, 대가족에 보다 많은 알코올중독자가 있다는 귀무가설은 관측도수를 식(6.3)의 모형 하에서의 기대도수와 비교함으로써 검정할 수 있습니다. 그러나 클리닉에 수용된 알코올중독자를 대상으로 조사하는 경우에는 (n,r)의 가중분포

$$p^w(n,r) = rp(n)\frac{n!}{r!(n-r)!}\frac{\pi^r \varphi^{n-r}}{\pi E(N)} \tag{6.4}$$

가 더 적합할 것입니다. 가족크기과 그 가족 중 알코올중독자수에 관한 정보가 있다면 (n,r)의 결합 관측도수와 식(6.4)의 모형 하에서의 기대도수를 비교할 수 있습니다. 식(6.4)로부터 n만의 주변분포는

$$np(n)/E(N), \ n=1,2,\cdots \tag{6.5}$$

이며, 이것은 스마트와 스프로트가 가족크기의 관측도수에 관한 모형으로 사용했습니다. 식(6.3)에서 알 수 있는 것은, 일반 모집단에서 가족 중 적어도 한 명의 알코올중독자가 있는 가정의 가족크기의 분포는

$$\frac{(1-\varphi^n)p(n)}{1-E(\varphi^N)}$$

이며, 이는 φ가 1에 가까워지면 식(6.5)의 분포가 됩니다. 다시 말해서, 한 개인이 알코올중독자가 될 확률이 작으면, 이렇게 얻어진 자료의 가족크기의 분포는 일반 모집단에서 적어도 한 명의 알코올중독자가 있는 가족크기의 분포에

가까워지는 것입니다. 이것은 φ가 1에 가깝지 않으면 맞지 않습니다.

스마트와 스프로트는 분포(6.5)가 꼬리부분이 두꺼운 관측도수에는 적합하지 않다는 것을 발견했습니다. 그들은 대가족에서 보다 많은 알코올중독자가 나타난다고 결론 내렸습니다. 이것은 합당한 결론일까요? 가중분포(6.5)는 두 가지 가설 하에서 유도되었습니다. 하나는, 일반 모집단에서 적어도 한 명의 알코올중독자가 있는 가정의 가족크기의 분포는 식(6.3)의 형태로 주어진다는 것이며, 이는 스마트가 제기한 원래의 귀무가설을 의미하는 것입니다. 또 다른 하나는, p.p.s. 표본추출방법으로 조사하되 이때의 표본추출확률은 한 가족의 알코올중독자수에 비례하도록 하는 것입니다. 식(6.5)의 기각은 두 번째 가설이 옳다고 가정할 때, 두 가설 중 첫 번째 가설의 기각을 의미합니다. 그러한 가정에 대해서는 어떠한 선험적인 근거도 없습니다. 이것에 대한 객관적인 검증이 없으면 스마트의 결론을 수용하는데 세심한 주의가 필요합니다.

스마트가 고려한 또 다른 가설은 늦게 출생한 자녀가 일찍 출생한 자녀보다 알코올중독자가 될 가능성이 크다는 것이었습니다. 스마트가 사용한 방법은 통계학자의 입장에서는 약간 혼란스럽습니다. 스프로트는 스마트의 접근방법을 비판하면서 몇 가지를 언급하였습니다. 모형(6.4)를 가지고 스마트의 분석을 검토해 보겠습니다. 출생순서가 알코올중독과 아무런 관련이 없고, 한 알코올중독자가 클리닉에 들어갈 확률이 출생순서와 독립이라고 하면, 관측된 알코올중독자가 n명의 자녀와 그중 r명이 알코올중독자인 가정에 속하고 출생순서가 $s(\leq n)$일 확률은 (6.4)의 모형을 이용하여 다음과 같이 구할 수 있습니다.

$$\frac{rp(n)}{nE(N)}\binom{n}{r}\pi^{r-1}\varphi^{n-r}, \ s=1,\cdots,n\ ;\ r=1,\cdots,n\ ;\ n=1,2,\cdots \tag{6.6}$$

위의 식을 r의 모든 값에 대해 더하면 가족크기와 출생순서 (n,s)의 주변분포는

$$p(n)/E(N), \ s=1,\cdots,n\ ;\ n=1,2,\cdots \tag{6.7}$$

이 되는데, 이 분포는 관측자료에 응용할 수 있습니다. 여기서 $p(n)$, $n=1,2,\cdots$는 일반 모집단에서의 가족크기의 분포입니다. 스마트는 (n,s)의 이변량 관측도수를 보고하였으며 $p(n)$을 알기 때문에 기대도수를 계산하여 관측도수와 비교할 수 있었습니다. 그러나 그는 다른 작업을 했습니다.

식(6.7)로부터 출생순서의 주변분포는 다음과 같습니다.

$$P(S=s) = \frac{1}{E(S)} \sum_{i=s}^{\infty} p(i), \ s=1,2,\cdots \quad (6.8)$$

스마트의 분석(스마트, 1963)은 출생순서의 관측분포를 모형(6.8)하에서의 기대치와 비교한 것입니다. 모형(6.8)에서의 $p(i)$는 모형(6.1)을 사용하여 자료로부터 추정한 것입니다.

이보다 더 좋은 방법은 다음과 같습니다. 가족크기가 주어졌을 때 출생순서 기대도수는 스마트(1963)가 계산한 것과 같다는 것을 식(6.7)로부터 알 수 있습니다. 이 경우 각각의 가족크기에 대하여 관측도수와 기대도수를 비교한 개별적인 카이제곱 값은 검정하고자 하는 가설에 대한 모든 정보를 제공합니다. 이러한 절차는 $p(n)$과는 무관합니다. 그러나 스마트가 제기한 그런 형태의 가설을 추가적인 정보(가족 중 다른 알코올중독자의 나이나 성 등)없이 검정할 수 있는지는 분명하지 않습니다.

<표4.6>은 스마트(1963)의 표의 일부분을 재구성한 것으로 가족크기가 4까지이고 출생순서가 4까지인 표입니다. 가족크기가 2,3일 경우의 관측도수는 가설과 모순이 되며, 가족크기가 3을 초과하는 경우는 출생순서가 별 영향을 미치지 못하는 것 같습니다. 필자는 피츠버그대학의 두 개 학과에서 교수들을 대상으로 그들의 가족크기와 출생순서를 조사하였는데(<표4.7>), 이를 <표4.6>과 비교하면 흥미롭습니다. 교수들 중에는 맏이로 태어난 사람이 너무 많아, 교수가 되려면 맏이로 태어나는 역경을 이겨내야 하는 것처럼 보입니다! 우리는 이런 종류의 자료에서 출생순서와 특별한 속성 사이에 아무런 암묵적인 관련은 없지만 맏이로 태어난 사람이 많을 것으로 생각합니다. 특히 그 속성이 나이와 관련된 때 더욱 그렇습니다.(이것도 강의실에서 해볼 수 있는 또 다른 실험이 될 수 있습니다. 아무 사무실이나 들어가서 첫째로 태어난 사람이 몇 명인지, 둘째로 태어난 사람이 몇 명인지 등을 확인해 보십시오. 출생순서가 앞서는 사람이 훨씬 많을 것입니다.)

제4장 가중분포: 편향이 내재된 자료

표4.6 출생순서 s와 가족크기 n의 분포
(스마트(1963)의 표1에서 재구성)

s	$n=1$		2		3		4	
	O	E	O	E	O	E	O	E
1	21	21	22	16	17	13.3	11	11.75
2			10	16	14	13.3	10	11.75
3					9	13.3	13	11.75
4							13	11.75

O=관측도수, E=기대도수.

표4.7 피츠버그대학교수들의 출생순서 s와 가족크기 $n(\leq 4)$의 분포

s	$n=1$	2	3	4
1	7	14	9	6
2		6	4	2
3			2	0
4				0

7. 대기시간 패러독스 ×

파틸(1984)은 여행자들의 평균체류시간을 추정하기 위하여 모로코에 있는 국립경제통계연구소에서 1966년도에 수행한 연구를 보고하였습니다. 두 가지 형태의 조사가 수행되었는데, 하나는 호텔에 묵고 있는 여행객들을 대상으로 조사한 것이고, 또 하나는 국경지역의 정류장에서 출국준비중인 여행객들을 대상으로 조사한 것입니다. 호텔에 투숙한 3,000명의 여행객을 대상으로 조사된 평균 체류시간은 17.8일이었으며, 국경지역 정류장의 12,321명의 여행객을 대상으로 조사된 것은 9.0일이었습니다. 기획청 관리들의 의심으로 호텔로부터의 추정치는 폐기되었습니다.

출국을 앞둔 여행객들로부터 조사된 관측치가 체류시간분포에 맞으므로 평균관측치 9.0이 평균체류시간의 올바른 추정치가 될 것입니다. 여행객의 흐름이 안정적일 때는 호텔에서 조사한 체류시간은 크기차별화 분포가 되므로, 평균관측치는 평균체류시간을 과추정Overestimate하게 됩니다. X^W를 크기차별화 확률변수라고 하면,

$$E(X^W)^{-1} = \mu^{-1} \tag{7.1}$$

입니다. 여기서 μ는 원래의 확률변수 X의 기대치입니다. 식(7.1)은 크기차별화 관측치의 조화평균이 μ의 합당한 추정치라는 것을 보여 줍니다. 이와 같이 호텔의 여행객으로부터 조사된 관측치의 조화평균은 국경정류장의 여행객에게서 조사된 관측치의 산술평균과 비교되는 추정치입니다.

호텔 여행객의 추정치가 다른 쪽의 거의 2배가 된다는 것은 흥미롭습니다. 이것은 지수분포와 관련된 대기시간 패러독스에 기인합니다(펠러, 1966; 파틸과 라오, 1977). 따라서 이것은 확인된 것은 아니지만 체류시간 분포가 지수분포에 따른다는 것을 암시합니다.

호텔 투숙 여행객이 오늘까지 며칠 체류했는지 질문 받았다고 가정합시다. 이럴 경우, 체류시간 Y의 확률밀도함수는 $X^W R$의 확률밀도함수와 같습니다. 여기서 X^W는 X의 크기차별화 확률변수이며 R은 독립적인 확률변수로서 [0,1]

에서 균일분포를 합니다. $F(x)$가 X의 분포함수라면, Y의 밀도함수는

$$\mu^{-1}[1-F(y)] \tag{7.2}$$

입니다. 체류시간 분포인 $F(y)$를 안다면 Y의 관측치를 근거로 하여 모수 μ를 추정할 수 있습니다. 콕스Cox(1962)는 조사시점에서 사용중인 부품의 수명에 관한 관측치로부터 다양한 기계에 사용된 부품의 고장시간에 관한 분포를 연구했는데 흥미롭게도 (7.2)와 같은 밀도함수를 얻었습니다.

8. 손상모형Damage models

확률변수 N의 확률분포는 p_n, $n=1,2,\cdots$ 이고, 확률변수 R의 확률분포는

$$P(R=r|N=n) = s(r,n) \tag{8.1}$$

라고 합시다. 그러면, 영Zero에서 절단된 R의 주변분포는

$$p'_r = (1-p)^{-1} \sum_{n=r}^{\infty} p_n s(r,n), \ r=1,2,\cdots \tag{8.2}$$

입니다. 여기서

$$p = \sum_{1}^{\infty} p_i s(0,i) \tag{8.3}$$

입니다. 원래의 관측치 n이 확률 $s(r, n)$에 따라 r로 감소할 때, 관측치 r은 생존수를 나타냅니다. 현재 생존해 있는 자녀(R)만을 고려하여 가족크기를 관측한다면 이러한 상황이 발생합니다. 문제는 R의 분포를 알고 있고 적절한 생존분포를 가정했을 때, 원래의 가족크기 N의 분포를 결정하는 것입니다.

확률변수 N은 λ를 모수로 하는 포아송분포를 하고 (즉, $N \sim P(\lambda)$), 확률변수 R은 π를 모수로 하는 이항분포를 한다고 (즉, $R \sim B(\pi)$) 가정합시다. 그러면

$$p_r' = e^{-\lambda\pi} \frac{(\lambda\pi)^r}{r!(1-r^{-\lambda\pi})} , \; r=1,2,\cdots \tag{8.4}$$

입니다. 모수 λ와 π가 섞여 있어서 R의 분포를 알더라도 N의 분포를 구할 수 없습니다. N이 이항분포, 음이항분포, 또는 대수열분포를 하더라도 마찬가지 입니다. 스프로트(1965)는 생존분포가 이항분포일 때 이러한 성질을 갖는 일반적인 분포를 제시하였습니다. 원래의 분포를 구하기 위해서는 어떤 추가적인 정보가 필요합니까? 예를 들어, 표본중의 어떤 관측치가 손상되지 않았다는 것을 알면 이항 모수 π는 물론 원래의 분포를 추정하는 것이 가능합니다.

아무런 손상도 받지 않은 관측치는 다음의 분포

$$p_r^u = C p_r \pi^r \tag{8.5}$$

에 따르는데, 이것이 가중분포라는 것은 흥미롭습니다. 원래의 분포가 포아송 분포라면

$$p_r^u = e^{-\lambda\pi} \frac{(\lambda\pi)^r}{r!(1-e^{-\lambda\pi})} \tag{8.6}$$

이며, 이는 식(8.4)와 같습니다. 라오와 루빈Rao and Rubin(1964)은 등식 $p_r^u = p_r'$이 포아송분포를 특징짓는다는 것을 보였습니다.

위에서 언급한 손상모형은 라오(1965)에서 소개되었습니다. 손상모형에 관한 이론적 진전이나 그에 따른 확률분포의 특징화에 대해서는 알자이드, 라오, 샨바그Alzaid, Rao and Shanbhag(1984)를 참고하십시오.

*참고문헌

- Alzaid, A.H., Rao, C.R. and Shanbhag, D.N.(1984). Solutions of certain functional equations and related results on probability distributions, Technical Report, University of Sheffield, U.K.
- Cox, D.R.(1962). *Renewal Theory*, Chapman and Hall, London.
- Feller, W.(1966). *An Introduction to Probability Theory and its Applications,* Vol. 2, John Wiley & Sons, New York.
- Feller, W.(1968). *An Introduction to Probability Theory and its Applications,* Vol. 1(3rd ed.), John Wiley & Sons, New York.
- Fisher, R.A.(1934). The effect of methods of ascertainment upon the estimation of frequencies, *Ann. Eugen.,* 6, 13-25.
- Patil, G.P.(1984). Studies in statistical ecology involving weighted distributions, In *Statistics: Applications and New Directions,* 478-503, Indian Statistical Institute, Calcutta.
- Patil, G.P. and Ord, J.K.(1976). On size-biased sampling and related form-invariant weighted distributions, *Sankhya* B, 33, 49-61.
- Patil, G.P. and Rao, C.R.(1977). The weighted distributions: A survey of their applications, In *Applications of Statistics*(P.K. Krishnaiah, Ed.), 383-405, North Holland Publishing Company, Amsterdam.
- Patil, G.P. and Rao, C.R.(1978). Weighted distributions and size biased sampling with applications to wildlife populations and human families, *Biometrics,* 34, 170-180.
- Rao, C.R.(1965). On discrete distributions arising out of methods of ascertainment, In *Classical and Contagious Discrete Distributions,* (G.P. Patil, Ed.), 320-333, Statist. Publishing Society, Calcutta, Reprinted in Sankhya Ser. A, 27, 311-324.
- Rao, C.R.(1973). *Linear Statistical Inference and its Applications* (2nd Ed.), John Wiley & Sons, New York.
- Rao, C.R.(1975). Some problems of sample surveys, *Suppl. Adv. Appl. Probab.,* 7, 50-61.
- Rao, C.R.(1977). A natural example of a weighted binomial distribution, *Amer. Statist.,* 31, 24-26.

- Rao, C.R.(1985). Weighted distributions arising out of methods of ascertainment: What population does a sample represent?, In a *Celebration of Statistics*, the ISI Centenary Volume(A.C. Atkinson and S.E. Fienberg, Eds.), 543-569, Springer-Verlag.

- Smart, R.G.(1963). Alcoholism, birth order, and family size, *J. Abnorm. Soc. Psychol.*, 66, 17-23.

- Smart, R.G.(1964). A response to Sprott's "Use of Chi-square", *J. Abnorm. Soc. Psychol.*, 69, 103-105.

- Sprott, D.A.(1964). Use of Chi-square, *J. Abnorm. Soc. Psychol.*, 69, 101-103.

- Sprott, D.A.(1965). Some comments on the question of identifiability of parameters raised by Rao, In *Classical and Contagious Discrete Distributions*, (G.P. Patil, Ed.), 333-336, Statist. Publishing Society, Calcutta.

제5장

통계
: 진리 탐구에
　필요 불가결한 도구

1. 통계와 진실 ×

그러나 어떤 진실에 관해서는 아무도 그것을 알지 못하며, 또한 미래에도 그것을 알지 못할 것이다. 신에 대한 것은 물론, 내가 하는 말에 대해서도 모를 것이다. 설사 어떤 사람이 우연히 진실을 언급할지라도 그 자신은 그가 진실을 언급했다는 사실을 알지 못할 것이다. 모든 것은 단지 추측으로 짜여져 있기 때문이다.

- 콜로폰Kolophon의 제노파네스Xenophanes

제1장과 제2장에서 우리가 사는 세상에 존재하는 불확실성에 대하여 언급하였습니다. 즉, 정보 부족으로 인한 불확실성, 사용 가능한 정보를 이용하는 방법에 충분한 지식의 결여, 정교한 기구들을 사용함에도 불구하고 발생되는 측정상의 오차, 예측할 수 없는 신의 행동(재난들), 종잡을 수 없는 인간의 행동(모든 현상 중에서도 가장 예측하기 힘든 것임), 자연현상들을 설명하는 데에는 확정적 법칙들보다는 확률적 법칙들을 필요로 하는 기본입자들의 무작위적 행동 등을 언급하였습니다. 또한 불확실성을 수량화함으로써 의사결정시 불확실성을 축소 내지 조정시키거나 설명할 수 있다고 했습니다. 제3장과 제4장에서는 관측된 자료로부터 정보를 추출하거나 불확실성을 다루기 위하여 필요한 자료분석의 전략에 대하여 이야기하였습니다. 정보를 이끌어내기 위해서는 명쾌하고도 적절하며, 정직한 자료가 필요함과 동시에 적절한 모형이 필요하다고 강조하였습니다. 이 장에서는 같은 주제에 대하여 좀 더 다른 다음, 몇 가지 사례를 통하여 새로운 지식을 습득하거나 자연현상을 이해하고자 할 때 또는 우리의 일상생활에서 최적의 판단을 내리고자 할 때 통계학이 어떤 역할을 할 수 있는지에 대하여 이야기하고자 합니다.

지식이란 무엇이며 우리는 그것을 어떻게 습득할 수 있습니까? 이것과 관련된 사고판단의 진행과정은 어떤 것이며 수행되는 조사연구들의 본질은 무엇입니까? 이러한 질문들은 인류지성을 좌절시켰으며 오랫동안 철학적 강의의 주제로 남아있었습니다. 그러나 최근의 논리학과 통계학의 진전은 새로운 지식을 습득하는 체계적인 방법을 탄생시켰으며, '진정한 지식'의 의미를 형이상학적 입장보다는 실용적 입장에서 해석할 수 있도록 하였습니다.

1.1 과학적 법칙들

과학적 법칙들은 권위에 의하여 발전되거나 신념이나 중세적 철학에 의하여 정당화되지 않는다. 오직 통계만이 새로운 지식을 주장할 수 있다.

- 마할라노비스P.C.Mahalanobis

더럽고 추하고 미미한 사실이 아름다운 이론을 죽일 수 있다.

- 헉슬리Thomas H. Huxley

과학은 자연현상 자체와 그 자연현상을 개선시키기 위한 지식을 다룹니다. 이러한 지식은 대개 법칙들(공리 혹은 이론)의 형태로 표현되는데 이 법칙들은 요구되는 정확도의 범위 내에서 미래 사건들의 예측을 가능하게 할 뿐 아니라 기술적인 조사와 응용에 대한 기초를 제공합니다. 이러한 결과로 현대과학이 의존하고 있는 뉴톤의 운동법칙, 아이슈타인의 상대성원리, 보어의 원자모델, 라만 효과, 멘델의 유전법칙, DNA의 이중나선형 구조, 다윈의 진화론 등이 나왔습니다. 그러나 우리는 무엇이 진실한 법칙들인지는 결코 알지 못할 것입니다. 우리가 탐구하는 것은 단지 관측된 사실들에 의하여 지지되는 유효한 가설들을 찾기 위한 것인데, 이것들은 시간이 지남에 따라 더욱 많은 자료들에 의하여 지지되는 더 나은 가설들로 언제든지 대체될 수 있습니다. 우리는 세상을 보이는 그대로 연구합니다. "만약 전자Electrons가 실제로 있는 것처럼 사물들이 반응한다면 실제로 전자가 있느냐 없느냐 하는 것은 과학에 있어서 아무런 문제가 되지 않습니다"(맥머레이Macmurray,1939). 과학적 조사연구방법은 포퍼Popper의 공식($P_1 \rightarrow TT \rightarrow EE \rightarrow P_2$)처럼 다음과 같은 순환을 끊임없이 되풀이합니다. 여기서 P_1과 P_2는 가가 최초의 이론과 그것의 수정안을 나타내며, TT는 이론의 검증을 나타내고, EE는 오차의 제거를 나타냅니다.

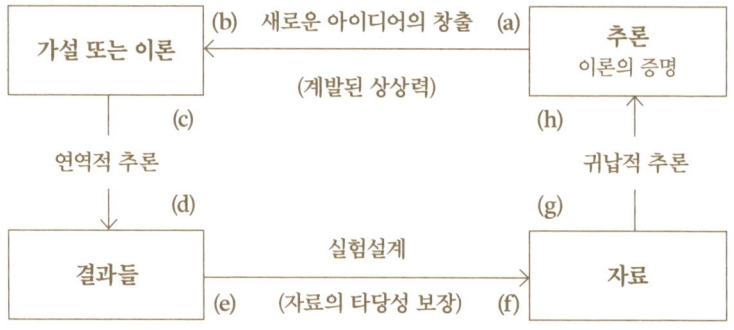

모든 가설들은 자료가 축적됨으로써 기각이 되기 쉬운데, 이러한 상황을 포퍼 Karl Popper는 다음과 같이 솔직하게 기술했습니다.

과학적 가설을 지지하는 증거는 단지 반증을 위한 시도일 뿐이다.

과학적 방법은 두 가지의 논리적 과정을 포함하고 있습니다. 즉 연역적 추론과 귀납적 추론이 그것입니다. 두 가지 추론의 차이점에 대해서는 제2장에 자세히 설명되어 있습니다.

위의 도표에서 볼 수 있듯이 과학적 방법에는 두 가지 단계가 있습니다. 경로 (a)→(b)와 (c)→(d)는 과학자가 수행하는 연구분야나 창조적 활동에서 나타나는 것이며, 다른 경로 (e)→(f)와 (g)→(h)는 통계학의 영역에서 수행되는 것입니다. 효과적인 실험설계로 수집된 적절하고도 정당한 자료들과 주어진 가설들을 검증하고 가능한 대안들에 대한 단서를 얻기 위하여 행해지는 자료분석을 통하여, 통계학은 과학자들이 그들의 창조잠재력을 십분 발휘하여 새로운 현상을 발견할 수 있도록 돕습니다. 즉, 통계학의 도움으로 과학자들은 현존하는 사실들과 전혀 무관한 새로운 개념을 만들어 내기 위하여 고생하지 않고 새로운 현상을 발견할 수 있는 것입니다. 통계적 방법은 특히 생물학과 사회과학에서 큰 가치를 발휘하였습니다. 이러한 분야는 대개 관측치의 변이의 폭이 크며, 관측치의 개수가 제한적입니다. 이러한 상황에서는 단지 통계적 분석만이 판정의 유의성에 관한 양적 측정을 가능하게 합니다.

피셔R.A. Fisher(1957)는 통계적 원리들을 사용하는 과학적 작업에서 효과적인 실험설계의(위 도표에서 경로 (e)→(f)에 해당) 중요성을 논하면서 다음과 같이 언급했습니다.

자료수집과정이나 실험설계과정을 철저히 분석 조사해 봄으로써 같은 시간과 노력으로 10배 내지 12배의 효과를 얻을 수 있을 것입니다. 실험이 끝난 후 통계전문가와 상의하는 것은 그에게 시체부검을 요청하는 것과 같습니다. 아마도 그는 실험이 망가진 이유에 대해 언급할 것입니다.

1.2 의사결정 ※

추측은 값싸게 할 수 있지만, 잘못 추측하면 그 대가가 크다.

- 중국 속담

의사결정을 할 경우에 우리는 불확실성을 취급해야만 합니다. 불확실성의 특성은 문제마다 다릅니다. 의사결정을 필요로 하는 대표적인 질문들은 다음과 같습니다.

올해 옥수수의 수확량은 얼마나 될 것인가? 어떤 사건으로 인하여 고발당한 사람은 죄가 있는가? 어떤 남자가 자기 아이의 아버지라고 주장하는 한 여인의 말은 과연 옳은가? 흡연은 폐암을 유발하는가? 이틀에 한 알씩 아스피린을 먹었을 때 심장마비의 위험은 줄어드는가? 오래된 무덤에서 발견된 두개골은 남자의 것인가 아니면 여자의 것인가? '햄릿Hamlet'의 저자는 세익스피어Shakespeare인가, 베이컨Bacon인가, 아니면 말로우Marlowe인가? 어떤 환자의 머리부분에 발생한 종양의 정확한 위치는 어디인가? 세상에 있는 여러 가지 언어들의 계보는 무엇인가? 막내는 첫째보다 더 영리한가? 지금으로부터 두 달 후의 금값은 얼마가 될 것인가? 안전벨트는 사고시 운전자를 중상으로부터 보호할 수 있는가?

운성은 과연 우리들의 움직임, 행동, 작업을 통제하는가? 점성술은 잘 들어맞나?

위의 모든 문제들은 철학적 토론 내지는 현재 존재하는 이론들로는 해결될 수 없는 것들입니다. 이용 가능한 정보나 자료들로부터는 명확한 해답을 얻을 수 없으며, 여러 가능성이 있는 답변들 중 하나를 선택하기 위하여 고안된 법칙은 틀리기 십상입니다. 그렇다고 의사결정의 유보가 실수를 피하기 위한 대안이 될 수는 없습니다. 그런 식으로는 아무런 진보가 있을 수 없습니다. 우리가 취할 수 있는 최상의 방법은 위험을 최소화하면서 최적의 방법으로 의사결정을 하는 것입니다. 아래에 다양한 예들을 통하여 통계학이 이러한 문제들을 어떻게 해결하는가를 보여 드리겠습니다.

1.3 통계학의 보편성

통계과학은 인류진보의 특이한 일면으로서 20세기 들어 그 독특한 성격이 나타났으며, … 당대의 가장 중요한 활동들의 정수는 바로 통계학자들에 의하여 이루어졌다.

- 피셔R.A.Fisher(1952)

오늘날 통계학의 영역은 자연과학, 사회과학, 공학, 기술, 경영, 경제, 예술, 문학에 이르기까지 전 분야에 퍼져 있습니다. 다음의 차트는 통계학이 보편적으로 여러 분야에 이용되고 있음을 보여주고 있습니다.

보통 사람들은 일상생활에서의 의사결정을 위하여 혹은 미래계획을 짜거나 현명한 주식투자 등을 위하여, 통계(다양한 종류의 자료들과 신문이나 보고서들에 나타난 그 자료들의 분석결과를 통하여 얻는 정보)를 이용합니다. 모든 이용 가능한 정보를 이해하고 적절히 사용하기 위하여 또는 잘못된 광고에 속지 않기 위하여 어느 정도의 통계적 지식이 필요합니다. 과학과 기술이 지배하는 현대에 있어 통계학에 관한 교양의 필요성을 웰스H.G.Wells는 다음과 같

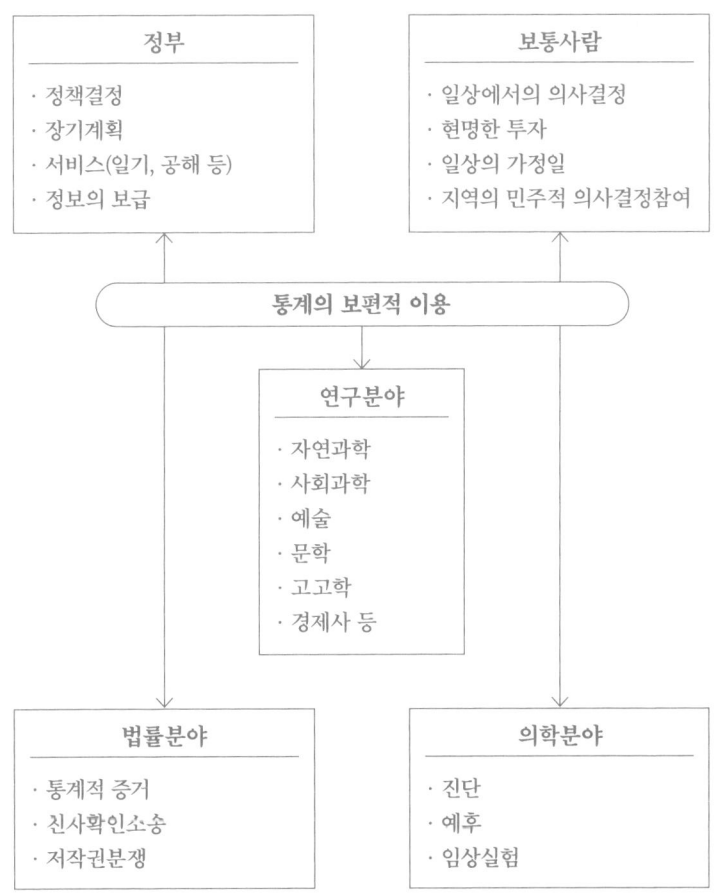

이 예견하였습니다.

미래에 유능한 시민이 되기 위해서는 읽고 쓰는 능력만큼이나 통계적 사고방식이 필요하게 될 것입니다.

한 나라의 정부에서는 통계를 수단으로 하여 정해진 경제적 사회적 목표를 성취하기 위한 장단기계획을 수립합니다. 인구예측이나 소비재 또는 서비스의 수요를 예측힐 때, 또는 사회후생을 원하는 비율만큼 향상시키기 위하여 적절한 모형을 써서 경제계획을 입안할 때 정교한 통계적 기법을 사용합니다. "나라가 번성할수록 통계학도 번성한다"라는 말이 있습니다. 그러나 이 말은 원인과 결과가 전도된 말입니다. 통계적 방법론의 발전과 함께 행정채널이나 특별한 표본조사를 통하여 수집되는 거대한 양의 사회 경제적 자료나 인구통계학적 자료를 이용함으로써, 공공정책결정은 이제 더 이상 성공이나 실패를 예측할 수 없는 게임이 아닙니다. 통계는 이제 과학적 기술의 영역에 포함됩니다. 즉, 이용 가능한 증거에 기초하여 최적의 결정을 내릴 수 있으며 피드백과 제어를 위하여 결과들을 계속해서 관측할 수 있습니다.

앞에서 언급하였듯이 과학적 연구에서 효율적으로 설계된 실험을 통한 자료수집, 가설검정, 미지의 모수추정, 결과의 해석 등을 할 때 통계학은 중요한 역할을 합니다. 피셔(1947)는 다음과 같이 기술하였습니다.

신중하게 확인된 사실을 또 다른 사실로 적합시킬 때, 새로운 지식의 일관된 구조를 얻고자 할 때, 혹은 개별적으로 얻어진 정보들이 다른 연구를 위한 수단으로 어떻게 사용되는지를 알고자 할 때, 통계가 어떤 도움을 주는지 보여주는 대표적인 예가 혈액형 중 Rh인자의 발견입니다(제5장 2.18절 참조).

산업부문에서는 생산되는 제품의 질을 원하는 수준만큼 유지시키거나 향상시키기 위하여 간단한 통계적 기법이 사용됩니다. 연구개발R&D 관련 부서들에서는 상품의 생산을 늘리거나 최적의 공정을 수행하는데 필요한 알맞은 요소배합 비율을 찾기 위한 실험을 합니다. 통계적 방법을 적용하는 공장에서는 설비투자나 공장을 확장하지 않고도 생산량이 10%에서 100%까지 늘어나는 것이 전세계를 거쳐 일어나는 일반적인 현상입니다. 이러한 관점에서 통계적 지식은 국가적 자원으로 여겨집니다. 현대의 발명들에 관하여 다룬 최근의 어느 책자에서는 통계적 품질관리를 금세기의 위대한 기술발명 중 하나로 취급하고 있는데 이는 결코 놀라운 것이 아닙니다.

사실 통계적 품질관리와 같은 기술적 발명이 지금까지는 거의 없었습니다. 응용은 굉장히 넓은 반면 이론은 매우 간단하고, 결과는 매우 효과적이면서도 적용은 매우 쉬우며, 소득은 상당히 많은데 반해 투자는 매우 적은 것이 바로 통계적 품질관리입니다.

경영에서 통계적 방법은 재화의 미래수요를 예측하고, 생산을 계획하고, 이익을 최대화하기 위한 효과적인 경영기법을 개발하기 위하여 이용됩니다.

의약부문에서는 실험설계의 원칙들이 약효검사나 임상실험에 쓰입니다. 또한 수많은 생화학적 실험 및 기타 실험들을 통해 얻은 정보를 통계적으로 평가하여 질병을 진단하고 예후를 하게 됩니다.

문학에서는 통계적 방법으로 작가의 유형을 수량화하여 저작에 대한 논쟁을 해결합니다.

고고학분야에서는 유품들 사이의 유사성을 수량화함으로써 고대의 물건들을 연대기준으로 배열할 수 있습니다.

법정에서는 특정사건의 발생확률 형태로 표현되는 통계적 증거들을 사용함으로써 판결시 전통적으로 사용된 구두증언 및 상황증거를 보충하고 있습니다.

형사사건의 수사에서는 개별적으로 보기에는 관계가 없고 일관성이 없어 보이는 여러 정보조각들을 분석하여 사건의 유형을 파악하는데 통계학이 이용됩니다. 이러한 유형의 재미있는 사례연구를 르카르John Le Carre의 저서 "완벽한 스파이A Perfect Spy"에서 찾아 볼 수 있는데, 이 책에서는 "모든 접촉대상자의 명단, 여행에 관한 세부사항, 접촉대상자의 행동, 성적 기호 및 즐기는 오락" 등에 관한 자료들을 특정사건들과 연결시킴으로써 몇몇 개인들에 대한 첩보활동에 대하여 어떤 결론을 내리고 있습니다.

통계적 사고로 계획을 수립하고, 통계적 방법을 이용하여 효율적으로 자료를 분석하고 그 분석결과를 피드백과 제어를 위해 평가함으로서, 모든 인류활동은 그 가치가 향상될 것입니다. 다음과 같은 주장은 아주 적절하다고 생각됩니다.

해결하고자 하는 문제가 있으면 전문가들을 찾아가기보다는 통계적 자문을 구하라.
통계와 통계적 분석이 몇 마디의 지혜로운 말보다도 많은 해결책을 줄 수 있을 것이다.

2. 몇 가지 사례들

"자연발생적인 지식의 발전" 이야기와 "성공적인 의사결정"에 관한 많은 사례들을 통하여, 통계적 사고가 통계학이 하나의 독립된 학문분야로 인식되기 이전부터 과학적 또는 그 이외의 연구부문에서 얼마나 중요한 역할을 하였는지를 말하고자 합니다. 또한 인간활동의 모든 분야에 걸쳐 통계학이 어떻게 다양하고, 힘 있고, 필요 불가결한 도구로 사용되고 있는가에 대해서도 언급하겠습니다.

2.1 이 시는 셰익스피어의 시인가?

그 어떤 단단한 대리석도, 그 어떤 황태자의 기념비도 이 힘 있는 글보다는 오래가지 못할 것이다.

- 셰익스피어Shakespeare

1985년 11월 14일 셰익스피어를 연구하는 학자인 테일러Gray Taylor는 1775년부터 보델리안Bodelian 도서관에 보관되어온 제본된 2절판 9연聯의 시를 발견하였습니다. 그 시는 429개의 단어로 구성되었는데 저자가 누구인지 적혀있지 않았습니다. 이것을 셰익스피어 작품이라 할 수 있겠습니까? 두 명의 통계학자 디스테드Thisted와 에프론Efron(1987)은 통계적 연구를 통하여 단어의 사용이 셰익스피어 스타일과 아주 잘 일치하는 것으로 결론을 내렸습니다. 그 조사는 순전히 다음과 같은 통계적 연구에 기초한 것이었습니다.

지금까지 알려진 셰익스피어 작품들에 사용된 총 단어 수는 884,647개로서 그 중 31,534개가 별개의 단어인데 그 사용빈도는 <표5.1>과 같습니다. <표5.1>에 담긴 내용은 다음과 같은 종류의 질문에 답하기 위하여 쓰일 수 있습니다. 만약 셰익스피어가 제한된 단어를 가지고 새로운 작품을 지어달라고 요청 받는다면 그는 새로운 단어(전에 써본 적이 없는 단어) 몇 개나 사용할까요? 그 작품에서 셰익스피어는 기존의 작품들에서 단지 한 번, 두 번, 세 번, … 사용한 단어들을 몇 개나 사용할까요? 이러한 숫자들은 피셔 등R.A.

Fisher et al(1943)이 이와는 전혀 다른 분야에서 나비의 종류가 몇 가지인지 알기 위하여 사용하였던 훌륭한 방법에 의해 예측할 수 있습니다. 피셔의 이론에 의하면, 만약 셰익스피어가 그의 이전 작품에서처럼 884,647개의 단어를 사용하여 새로운 드라마나 시를 쓰고자 한다면 그는 35,000개의 새로운 단어를 사용했을 것으로 추정됩니다. 이로써 셰익스피어가 구사한 총 어휘는 66,000개 이상이 되는 것으로 보입니다.[셰익스피어 시대에는 영어에 약 100,000개의 단어가 있었습니다. 현재는 약 500,000개의 단어가 있습니다.]

표5.1 개별 단어들의 사용에 관한 도수분포

단어의 사용빈수	개별 단어들의 수
1	14,376
2	4,343
3	2,292
4	1,463
5	1,043
6	837
7	638
.	.
.	.
.	.
>100	846
합계	31,534

새로 발견된 시는 429개의 단어로 씌어졌는데 그 중 258개가 별개의 단어입니다. <표5.2>의 마지막 두 열은 각각 새로 발견된 시의 관측분포와(셰익스피어 작품에 근거한) 예측분포를 보여줍니다. 여기서 두 분포가 매우 가깝게(기대차이의 한계 내에서) 일치하는 것을 알 수 있는데 이는 곧 새로 발견된 시의 작가가 셰익스피어일 것이라는 것을 암시합니다.

<표5.2>는 또한 존슨Ben Johnson, 말로우Christopher Marlow, 돈John Donne 등 동시대 다른 작가들이 비슷한 크기의 시 속에서 사용하였던 단어들에 대한 도수분포도 함께 보여주고 있습니다. 이들 작가들의 경우에는 그 도수들이 새로 발견된 시에서 관찰된 도수들과 어느 정도 차이가 있으며, 마찬

가지로 셰익스피어의 작품에 근거하여 예측된 도수와도 다소 차이가 있어 보입니다.

2.2 저작권 분쟁: 연방주의자의 보고서 §

통계와 밀접히 관련된 또 다른 문제는 저작권 분쟁 혹은 가능한 여러 명의 작가들 목록에서 익명의 작품에 대한 저자를 찾아내는 것입니다. 이제 이러한 경우의 사례를 들어보겠습니다. 이 방법은 피셔에 의하여 사용되었는데, 그는 한 인류학자가 그에게 의뢰한 문제를 해결하기 위하여 이 방법을 개발하였습니다. 오로지 측정만으로 무덤에서 발견된 턱이 남자의 것인지 아니면 여자의 것인지 구분하는 객관적인 방법이 있겠습니까?

표5.2 셰익스피어와 동시대작가들의 작품 속에 나타난 개별 단어들의 도수분포

셰익스피어 작품에서의 사용빈도	각 작가의 작품에서 사용된 개별 단어 수				셰익스피어 작품에 근거한 기대치
	존슨 (Ben Johnson)	말로우 (C. Marlow)	돈 (J. Donne)	새로 발견된 시	
0	8	10	17	9	6.97
1	2	8	5	7	4.21
2	1	8	6	5	3.33
3-4	6	16	5	8	5.36
5-9	9	22	12	11	10.24
10-19	9	20	17	10	13.96
20-29	12	13	14	21	10.77
30-39	12	9	6	16	8.87
40-59	13	14	12	18	13.77
60-79	10	9	3	8	9.99
80-99	13	13	10	5	7.48
개별 단어 수	243	272	252	258	258
총 단어 수	411	495	487	429	-

다음과 같은 비슷한 질문 즉, '둘 중 누가 분쟁상태에 있는 이 작품의 저자인가?'라는 문제를 해결하기 위해서도 똑같은 기법이 사용될 수 있습니다. 1787-1788년에 해밀턴Alexander Hamilton, 제이John Jay, 메디슨James Madison이 헌법을 비준하기 위하여 뉴욕시민들을 설득할 때 썼던 '연방주의자의 보고서'의 경우를 생각해 봅시다. 그 당시에 일반적으로 그러하였듯이 'Publicus'라는 필명으로 서명된 77개의 보고서가 있었습니다. 이 에세이들의 상당수에 대해서는 정확한 저자가 밝혀졌으나 12개는 그 저자가 해밀턴인지 메디슨인지 의견이 분분하였습니다. 2명의 통계학자 모스텔러Frederic Mosteller와 왈리스David Wallace(1964)는 통계적 접근방법을 통하여 12개 보고서의 저자는 아마도 메디슨일 것이라고 결론지었습니다. 이 경우의 양적 접근은 우선 각 저자들의 기존의 출판물들을 통하여 저자의 스타일을 연구한 다음, 분쟁대상이 된 작품과 가장 유사한 스타일로 글을 쓰는 저자에게 저작권을 확정시키는 것입니다.

2.3 카우틸리아Kautilya와 아르타사스트라Arthasastra

"아르타사스트라Arthasastra"는 인도의 어느 문학작품보다도 고대인도의 문화적 환경과 실제생활을 잘 보여주는 작품으로써 평가되고 있습니다. 이 훌륭한 작품은 B.C. 4세기에 유명한 왕 마우리아Chandragupta Maurya의 장관이었던 카우틸리아Kautilya에 의하여 쓰여진 것으로 알려져 있습니다. 그러나 여러 분야의 학자들은 "아르타사스트라Arthasastra"의 저자와 그 출판시기에 대하여 의문을 제기했습니다.

수년 전 트라우트만Trautmann(1971)은 "아르타사스트라"의 저자와 출판시기에 관하여 통계적 조사를 실시하였습니다. 조사 중 그는 여러 부문에서 문체가 상당히 변화하는 것을 발견하였고 그 결과 "아르타사스트라"라는 아마도 3명 내지 4명의 저자가 A.D. 2세기 중반을 기점으로 여러 시기에 걸쳐 저작했을 것으로 결론 내렸습니다. 카우틸리아의 작품 중에는 세상에 알려진 것이 없으므로 그가 설사 "아르타사스트라"의 일부를 기술했다 하더라도 어느 부문을 그가 썼는지는 말하기가 힘듭니다.

2.4 출판시기

셰익스피어의 '실수연발Comedy of Errors'이나 '사랑은 헛수고?Love's Labours Lost?'는 언제 씌었는가? 셰익스피어 작품들의 출판시기는 대부분 작품에 관한 기록을 통하여 알 수 있으나, 몇몇 작품들은 그 출판시기를 알 수 없습니다. 그러면 이미 알려진 몇몇 작품들의 출판시기를 가지고 알려지지 않은 다른 작품들의 출판시기를 추정할 수는 없을까요? 야디Yardi(1946)는 순전히 수량화 방법을 사용하여 이 문제를 검토하였습니다. 그는 각 작품에 대하여 다음과 같은 빈도를 계산하였습니다.

① 중복되는 마지막 음절

② 완전히 구분되는 행

③ 단락을 지닌 채 분류되지 않은 행

④ 대화와 관련된 행의 총 수

야디는 이렇게 수량화된 문학 스타일을 가지고 출판시기가 알려진 작품들의 자료들을 사용하여 셰익스피어의 작품이 출판되었던 기간 중 이루어진 문학 스타일의 변화를 연구하였습니다. 그 결과 그는 '실수연발'은 1591-92년 겨울에, '사랑은 헛수고?'는 1591-92년 봄에 출판된 것으로 추론하였습니다.

2.5 플라톤 작품의 연대기

플라톤의 작품들은 22세기가 넘도록 보전되어 오고 있으며, 그의 철학적 사고와 우아한 문체는 지금도 널리 연구되고 있습니다. 그러나 불행하게도 그의 35개의 대화체 작품과 6개의 단편 그리고 13개의 편지가 씌어진 연대기적 순서에 대해서는 아무도 언급하지 않았으며 또한 아무도 알지 못했습니다. 플라톤 작품의 연대기적 순서에 관한 문제는 이미 1세기 전부터 언급되었지만 아무런 진전이 이루어지지 않았습니다. 결국 통계학자들이 몇 년 전에 이 문제의 해결을 시도하였는데 그 결과 논리적 해답을 제시하였습니다.

여기서 사용된 통계적 방법은 모든 작품들을 짝지은 후 각 쌍에 대한 유사성 지수를 설정하는 것부터 시작하였습니다. 보네바Boneva(1971)에 의하여 수행된 이 연구에서는 각 작품에서 문장의 마지막 5개 음절에서 사용 가능한 32개 서술방식 - 기술적으로는 '클로즐라Clausula'라고 부른다-의 도수분포에 기초한 색인이 사용되었습니다. 연대기적으로 가까운 작품들은 스타일도 비슷하다는 가정을 함으로써 이 방법을 통하여 플라톤 작품들의 연대기적 순서를 추론할 수 있었습니다.

2.6 원고의 계보 밝히기

원고들의 계보나 연결관계는 순수한 통계적 기법에 의하여 해결된 또 다른 문제입니다. 최근에 나이타Sorin Christian Nita(1971)에 의하여 수행된 연구는 '로마의 역사The History of Romania'라는 이름의 로마연대기에 관한 48개의 사본과 관계된 것이었습니다. 이들 중 일부는 원본을 베낀 것이지만 다른 것들은 원본으로부터 한 단계 내지 두 단계 이상에 걸쳐서 베껴진 것들입니다. 문제는 이들 중에서 원본을 찾아내고 현존하는 원고들의 계보를 밝혀내는 것입니다. 여기서 통계학자는 주어진 원고를 베끼는 동안 범하게 되는 인간의 실수를 탐구하였습니다. 비록 원고들이 똑같은 원본을 베낀 것이라 할지라도, 베끼는 동안 만들어지는 오류들은 원고마다 각각 다르게 나타납니다. 한 원고에 있는 오류는 그 원고를 베낀 사본들에 계속해서 그대로 옮겨지며 같은 원고를 베낀 사본들은 다른 원고를 베낀 사본들보다도 훨씬 많은 공통의 오류들을 가지게 됩니다. 원고들을 둘씩 짝지어 각 쌍 사이에서 나타나는 공통적인 오류의 수를 유일한 기본자료로 사용함으로써 원고들의 완전한 연결관계를 밝혀내는 것이 가능했습니다.

2.7 언어계보

언어학자들은 인도-유럽어족(라틴어, 산스크리트어, 독일어, 슬라브어, 발틱어, 이란어, 켈틱어 등) 언어들 사이의 유사성을 연구하면서 약 4,500년 전에 사용됐던 것으로 믿어지는 공통 조상어를 발견했습니다. 만약 공통 조상어가 있다면 틀림없이 여러 시기에 언어들이 분기되었을 것입니다. 그러면 생물학자들에 의하여 만들어진 생물의 진화트리와 비슷한 언어의 트리를 만들 수 있을까요? 이것은 분명 흥미 있고도 도전적인 문제인데, 이러한 문제들에 관한 과학적 연구를 '언어연대학Glotto chronology'이라고 합니다. 언어들간의 유사성에 관한 방대한 양의 정보와 복잡한 추론절차를 거쳐 언어연대학자들은 몇 개의 중요 언어 어족들을 확인할 수 있었으나, 그들 사이의 정확한 관계나 분기시점은 확정할 수 없었습니다. 그러나 순수한 통계적 방법은 훨씬 적은 양의 정보를 사용하고도 이 문제에 대해 고무적인 결과를 가져다주었습니다.

이 연구의 첫 단계는 여러 언어들에서 눈, 손, 어머니, 하나, …등과 같은 기본적 의미들을 표현하는 단어들을 서로 비교하는 것입니다. 두 개의 언어에 속하면서 같은 의미를 지니는 단어들에 대해서 그들이 같은 어족이면 +표를 하고 그렇지 않으면 -표를 합니다. 따라서 두 언어 사이의 비교는 일련의 + 또는 - 기호로 표현되거나 (+, -, +, +, …) 형태의 벡터로 표시됩니다. 만약 n개의 언어가 있다면, 거기에는 $n(n-1)/2$개의 유사성을 나타내는 벡터가 있습니다. 스와디쉬Swadish(1952)는 오직 이 방법만을 사용하여 두 가지 언어 사이의 분기점을 추정하는 방법을 제시했습니다. 일단 모든 언어 쌍의 분기시점이 알려지면 진화트리를 구성하는 것은 쉽습니다. +와 - 기호로 구성된 비교 벡터들을 입력시켜 전체 진화트리를 인쇄하도록 고안된 적절한 컴퓨터 프로그램을 이용하면 전체작업은 단순한 일이 됩니다. 이 방법은 최근에 200개의 단어를 사용하여 인도-유럽어족 언어들의 진화트리를 만드는 데 응용되었으며, 또한 196개의 단어를 사용하여 말레이-폴리네시아Malayo-Polynesian 언어들의 진화트리를 만드는 데도 사용되었습니다(크러스칼, 다이엔, 블랙Kruskal, Dyen and Black(1971)).

셰익스피어 작품의 출판시기, 플라톤 작품들의 연대기, 원고의 계보 등과 같이 문학에서 통계적 방법이 응용될 경우 그 결과의 정당성(혹은 사용된 방법)에 대하여 혹자는 의문을 가질 수 있을 것입니다. 여기에서 논리적 쟁점은 다음의 질문과 같은 것입니다.

장티푸스를 치료하고자 하는 특정환자에게 있어 파락신 정제는 얼마나 효용이 있습니까? 이 약효의 정당성은 이 약이 이전에 많은 장티푸스 환자들을 치료한 실적이 있어야만 입증될 수 있을 것입니다. 그러나 그 약이 특정환자에게 치명적이지 않을 수 있습니까?

같은 방법으로 통계적 방법의 정당성도 이른바 "수행능력시험"에 의하여 확정될 수 있습니다. 제시된 방법은 우선 정답이 이미 알려진 문제들을 예측하는 데 사용한 후, 그 수행결과가 만족스러울 때만 받아들여질 수 있습니다. 물론, 가능만 하다면 우리들은 통계적 발견들을 보강하기 위하여 항상 독립적인 역사적 증거 혹은 그 밖의 다른 증거들을 찾아야 할 것입니다.

2.8 지질학적 시대구분

이것은 피셔(1952)가 인용한 사례로 지질학에서의 한 위대한 발견 뒤에 숨어 있는 통계적 사고방식을 설명하고 있습니다.

우리들은 지질학적 시대구분과 플라이오세, 마이오세, 올리고세 등과 같은 지층의 명칭들을 잘 알고 있습니다. 그러나 어떻게 이런 결과를 얻었는가에 대하여는 많은 사람들이 알지 못합니다. 이것은 지질학자 라이엘Charles Lyell의 창작품입니다. 그는 1797년에 태어났으며 유명한 책 "지질학 원론Principles of Geology"을 저술했습니다. 그는 1833년에 간행된 이 책의 제3판에서 시대구분에 관한 세부 계산내용을 발표하였는데 이것은 완전히 새로운 사고에 기인한 매우 정교한 통계적 접근방식을 사용한 것이었습니다.

라이엘은 유명한 패각학자인 데스헤이스M.Deshayes의 도움으로 한 개 이상의 지층에서 발견되는 화석들을 기록하고 그것이 현재까지 남아있는 비율을 확인하는 작업에 착수했습니다. 이것은 마치 어떤 통계학자가 나이가 기록되지 않은 최근의 인구조사 결과나 연도가 표시되어 있지 않아 간혹 몇 명의 동일인만을 인식할 수 있는 과거의 인구조사 결과만을 가지고 있는 것과 같았습니다. 그는 생명표Life Table에 관한 지식으로 시대를 추정할 수 있었을 것이며, 설사 생명표가 없다 할지라도 아직까지 남아있는 화석들의 비율을 비교함으로써 연대기의 순서에 맞추어 일련의 자료들을 배열할 수 있었을 것입니다. 즉, 지층이 오래될수록 현재까지 존재하는 화석의 비율은 그만큼 적을 것입니다. 라이엘은 그의 생각과 훌륭한 통계적 방식으로 여러 가지 지층에 이름을 붙였으며 지질과학에 일대 혁명을 가져왔습니다. 그 내용은 <표5.3>과 같습니다. 이러한 분류의 도움으로, 지질학자들은 명확한 지형적 특색을 지니는 몇 가지 특징적 형태를 이용하여 화석 지층을 구분할 수 있었습니다. 불행하게도 라이엘의 방법 이면에 있는 이와 같은 정량적 사고방식은 학생들의 강의시간에 전혀 강조되지 않고 있습니다.

표5.3 라이엘Lyell의 지질학적 분류

지층명	살아남은 종수의 백분율	예
플라이스토세	96%	시실리 그룹
플라이오세	40%	이태리 바위 영국 크레이그
마이오세	18%	"
에오세	3% 또는 4%	"

2.9 뱀장어들의 공동 번식지

다음은 피셔(1952)에서 발췌한 사례로 기본적 기술통계학이 어떻게 중요한 발견을 이끌어 낼 수 있는지를 설명하고 있습니다.

금세기 초에 코펜하겐에 위치한 칼스버그Carlsberg 연구소에서 근무했던 슈미트 Johannes Schmidt는 여러 장소에서 잡은 같은 종류의 물고기들의 척추골과 지느러미 줄기 숫자가 상당히 상이한 것을 발견했습니다. 심지어는 동일 협강(峽江)에서도 그 위치에 따라 다르게 나타났습니다. 그러나 슈미트는 척추골 숫자의 변이가 크게 나타나는 뱀장어의 표본들을 전 유럽, 아이슬랜드, 대서양 중부의 아조레스 제도, 나일강 등의 넓게 퍼져있는 지역에서 추출했음에도 똑같은 평균과 표준오차를 가지고 있다는 사실을 발견했습니다. 그는 결국 여러 지역에 분포되어 있는 뱀장어들은 대양에 있는 어느 한곳의 번식지에서 나왔을 것이라고 추측했는데, 이 추측은 훗날 연구선 "다나Dana"의 탐험으로 밝혀졌습니다.

2.10 후천적 특성은 유전되는가?

이 질문은 다윈의 이론을 토론하는 중에 제시되었습니다. 이 질문에 답하기 위하여 네덜란드 유전학자 요한센W.Johannsen은 - 오늘날에는 매우 유명한 이론이 된 - 실험을 실시하였는데, 요한센이 그 결과를 처음 발표한 1909년에는 관심을 끌지 못했습니다. 여기서는 13살 때 이 문제를 접하게 된 칵Marc Kac(1983)의 말을 인용하고자 합니다.

> 요한센은 많은 콩을 준비한 뒤 그들의 무게를 달고, 그 무게를 가지고 히스토그램을 작성한 뒤 오늘날 잘 알려진 정규곡선을 여기에 적합시켰다. 이 작업을 한 뒤 그는 좀 더 작은 콩들과 큰 콩들을 각각 분리하여 키운 후, 그들의 후손에 해당하는 콩들의 무게를 가지고 히스토그램을 그렸다. 그는 이것을 가지고 다시 정규곡선으로 적합시켰다. 만약 크기가 유전될 수 있다면 각각 다른 평균-작은 것과 큰 것-을 지닌 두개의 곡선을 얻을 수 있을 것이다. 그러나 이 두 곡선은 그 부모세대에 해당하는 원래의 콩에 대한 곡선과 거의 유사하였다. 그래서 외양의 크고 작음은 유전될 수 없다는 의문이 일어나게 되었다.

칵은 계속해서 이렇게 말하였습니다.

> 그 당시 나에게 충격적이었으며 오늘날까지도 나의 기억 속에 남아있는 것은 내가 그 당시까지 접해 보았던 수학, 물리학 또는 생물학의 그 어느 것과도 다른 완전히 새로운 논증방식이었다. 이후로 나는 상당히 깊이 있게 통계학을 배웠으며 다양한 수학적 섬세함이 요구되는 수준에서 통계학을 가르치기도 하였다. 그러나 나는 아직까지도 요한센의 실험이 통계적 추론의 능력과 세련됨을 가장 잘 표현한 예시 중의 하나라고 생각한다.

2.11 왼손잡이는 훌륭한 사람

코코넛 나무는 그 잎의 나선방향에 따라 좌선회와 우선회로 구분할 수 있다는 것은 잘 알려져 있지 않습니다. 몇 년 전 인도통계연구원의 데이비스T.A.Davis가 이에 대한 연구를 했습니다. 이 연구는 통계적 접근을 통해 자연을 이해하는 좋은 예가 될 것입니다. 자연에서는 관찰된 사실들에 의하여 해결해야 할 새로운 문제가 제시되고, 이 문제는 또 다른 관찰을 필요로 합니다. 각 단계에서 얻어진 결과들은 통합됩니다. 그리고 이전 실험결과들의 기본적 부분들을 강화시키고 새로운 면들을 탐구하기 위하여 신선한 증거들을 찾게 됩니다.

그러면 왜 어떤 나무들은 좌선회하고, 또 어떤 것들은 우선회할까요? 이런 특성은 유전될까요? 이런 질문들은 여러 가지 나선형태를 가진 부모나무들을 교배한 다음 같은 특징을 가지는 자녀나무들을 세어 봄으로써 그 해답을 얻을 수 있습니다. 이러한 목적을 위하여 수집된 자료가 <표5.4>입니다. 여러 형태의 부모나무들에 대하여 자녀나무들의 좌선회와 우선회의 비율이 거의 같음을 볼 수 있는데, 이는 좌선회와 우선회가 유전적인 것이 아니라는 것을 의미하는 것입니다.

그러므로 이 비율은 무작위적으로 이루어지는 외부 요인들에 의하여 결정되는 것처럼 보입니다. 그러면 <표5.4>의 관측자료에서 왜 우선회 자녀나무들이 약간 수적 우세(약 55%)를 보이는 것일까요? 여기에는 분명 환경 속에 우선회 나무에게 좀 더 많은 기회를 주는 그 무엇이 있는 것 같습니다. 만약 있다면 이 기회는 나무의 지리적 위치에 좌우되는 것일까요? 이것은 자료를 세계의 여러 지역들로부터 수집하기 전에는 결정할 수 없는 문제입니다. 좌선회 나무의 비율은 북반구의 표본에서는 0.515이고 남반구이 표본에서는 0.473으로 밝혀졌습니다. 이 차이는 아마도 지구의 자전이 한 방향으로만 이루어지고 있기 때문일 것입니다. 또한 이것은 목욕탕 욕조에서도 볼 수 있는데 욕조의 마개를 열었을 때 왼쪽이든 오른쪽이든 한쪽으로 물이 소용돌이치며 빠져나갑니다. 바로 이러한 현상이 북반구에서는 시계반대방향으로 나타나며 남반구에서는 시계방향으로 나타납니다.

표5.4 다양한 형태의 교배로 나타나는 좌선회와 우선회 자손의 비율

결합된 부모		자손
		좌 : 우
우	우	44 : 56
우	좌	47 : 53
좌	우	45 : 55
좌	좌	47 : 53

만약 데이비스가 좌선회 나무와 우선회 나무 사이의 차이를 밝힐 수 있는 특징들을 찾는데 관심을 기울이지 않았더라면 이러한 연구들은 단지 학술적 문제로 남았을 것입니다. 그는 12년 동안 농장에 있는 우선회 나무와 좌선회 나무의 평균 수확량을 비교해 보았습니다. 그는 좌선회 나무의 수확량이 우선회 나무의 수확량보다 10%가 더 많은 것을 발견하고 놀랐습니다. 비록 그 어떤 설명도 할 수 없었지만 - 그 질문은 연구할 필요가 있지만 쉽게 풀리지는 않을 것입니다 - 이 경험적 결론은 경제적으로 중요한 것이었습니다. 왜냐하면 농장에서 좌선회 나무만 골라 심을 경우 수확량이 무려 10%나 증가할 것이기 때문입니다! 데이비스는 이와 관련하여 왼손잡이 여인들이 오른손잡이 여인들보다 더 많은 아이들을 가지는지 궁금해졌습니다. 샌포드 회사Sanford Corporation에서 수행한 연구에 의하면 왼손잡이의 경우 상당히 창조적이며 외모가 잘 생겼다는 결론을 제시하고 있습니다. 유명한 왼손잡이 들로는 벤자민 프랭클린Benjamin Franklin, 레오나르도 다빈치Leonardo da Vinci, 아인슈타인Albert Einstein, 알렉산더 대왕Alexander the Great, 쥴리어스 시이저Julius Ceaser 등과 같은 다양한 부류의 사람들이 있습니다.

왼손잡이나 오른손잡이가 나타나는 현상은 식물계에서는 일반화된 것 같습니다. 당신은 정원의 꽃 중 우선회 꽃잎과 좌선회 꽃잎을 동시에 갖고있는 꽃을 발견하지 못했을 것입니다. 덩굴식물 중 어떤 것은 오직 우선회만 하고 또 어떤 것은 좌선회만 합니다. 켈커타의 인도통계연구원에서는 그들의 방향을 바꾸기 위한 실험을 시도했지만 실패했습니다. 그들은 이런 종류의 시도에 매

우 거칠게 반응하는 것 같았습니다.

또한 모든 살아있는 유기체들(극히 미발달한 경우를 제외하고)은 그들의 생화학적 체질상 왼손잡이라는 사실도 신기합니다. 글리신을 제외한 모든 아미노산은 두 가지 형태-L(좌선회)과 D(우선회)-로 존재합니다. L과 D는 서로 거울을 비쳤을 때의 각각의 모습을 나타내는데, 각각 좌선회 분자와 우선회 분자라 부릅니다. 식물이나 동물의 단백질, 심지어는 박테리아나 곰팡이, 바이러스 등 단순한 유기체들에서 발견되는 24가지의 모든 아미노산은 모두 좌선회입니다. 좌선회 분자와 우선회 분자는 서로 똑같은 특성을 가지고 있으므로 D만을 지니거나 혹은 L과 D의 혼합체를 가지고도 생명을 유지할 수 있었을 것입니다. 그러면 유기체들이 D형태가 아닌 L형태만으로 진화한 것을 우연한 자연현상으로 받아들여야 합니까? 아니면 좌선회 분자들이 유전학적으로 유기체들의 탄생에 보다 적합한 것일까요? 이러한 좌측선호경향에는 과학이 아직도 탐구해야 할 어떤 신비한 힘이 작용하고 있는 것 같습니다.

고인이 된 인도통계연구원의 데이비스 박사가 제공한 아래의 그림은 식물줄기와 꽃의 꽃잎이 각각 좌선회하고 우선회하는 것을 보여줍니다.

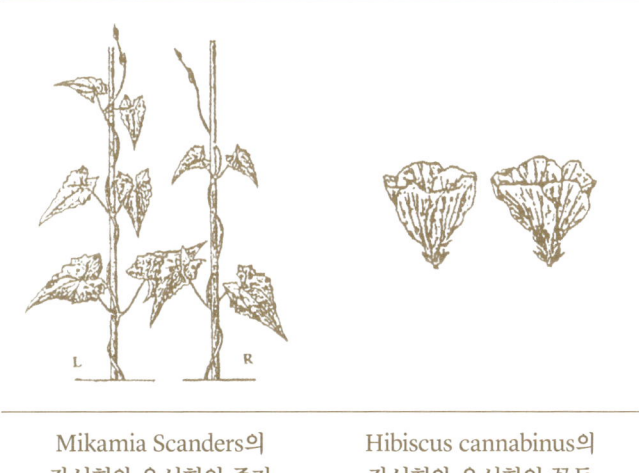

Mikamia Scanders의
좌선회와 우선회의 줄기

Hibiscus cannabinus의
좌선회와 우선회의 꽃들

노벨상 수상자인 스페리Roger Sperry 박사는 좌뇌 지배적인 사람과 우뇌 지배적인 사람 중 좌뇌 지배적인 사람이 숫자적으로 더 우세하다는 사실을 확증했습니다. 우뇌 지배적인 사람은 창조적 능력이 뛰어나며, 좌뇌 지배적인 사람은 더 논리적인 것 같습니다.

2.12 24시간 리듬

만약 당신이 당신의 키가 얼마냐고 질문받는다면 거침없이 정확한 숫자를 제시할 수 있을 것입니다. 누군가가 어느 때 당신의 키를 재고 당신에게 알려주었을 것입니다. 그러나 당신은 이 숫자가 진실로 당신의 키를 나타내는지에 대하여 의문을 제기하지는 않았을 것입니다. 그리고 설사 당신이 의문을 가졌다 하더라도 그 숫자는 "키를 재기 위해 지정된 절차"에 따라 정확하게 얻어진 것이라는 답이 제시되었을 것입니다. 실제적 목적만을 고려한다면 키에 대한 이러한 정의는 만족스러울 것입니다. 그러나 다른 문제가 대두됩니다. 즉, 우리가 측정하고자 하는 것이 그것을 측정하는 시간에 좌우되지는 않습니까? 그리고 만약 측정치가 변한다면, 우리는 그 값을 어떻게 나타낼 수 있겠습니까? 예를 들어 각 개인의 실제 키가 아침저녁으로 차이는 없습니까? 만약 있다면, 차이는 어느 정도이며 생리학적으로 설명될 수 있을까요?

간단한 통계적 관찰로 그 해답을 얻을 수 있습니다. 켈커타에 거주하는 41명 학생들의 키를 아침저녁으로 세밀히 측정해 본 결과 평균 9.6㎜의 차이를 보였습니다. 각 경우 아침에 측정된 키가 더 큰 것으로 나타났습니다(라오(1957) 참조). 사실 만약 각 개인의 키가 하루 어느 때든지 같다면, 관측 차이는 같은 확률을 가지는 음 또는 양의 측정오차로 그 원인을 돌릴 수 있을 것입니다. 이러한 경우 41명 각각의 차이가 모두 양일 확률은 2^{-41}단위이며 이것은 10^{13}번의 실험에서 5번 이하로 사건이 발생할 확률에 해당하는데, 이는 곧 키가 하루 동안 아무런 차이가 없다는 가설에 충분히 반박할 수 있다는 것을 뜻합니다. 우리들은 밤에 잠자는 동안 약 1㎝가 크고 낮 동안에는 같은 크기가 줄어드는 것입니다!

밤, 낮의 키가 다르다는 것을 인정한다면, 우리가 잠자는 동안 신체의 어느 부분이 더 많이 늘어날까요? 이것에 대한 해답을 얻기 위하여 신체의 각 부분에 표시를 하고 밤과 낮에 각각 그 부분을 측정하였습니다. 그 결과 약 1cm의 차이는 모두 척추 부분에서 발생한 것으로 밝혀졌습니다. 생리학적 설명에 따르면 낮 동안에는 척추 사이의 연골이 수축되고 신체가 휴식을 취하는 동안에는 연골이 원상태로 돌아오기 때문이라고 합니다.

선생님들은 왜 오전강의를 선호할까요? 그것은 선생님, 학생 모두 아침에는 상쾌하기 때문에 그들 사이에 굉장히 친밀한 일치감이 생기기 때문이라고 합니다. 이 현상에 관해 어떠한 생리학적 설명이 있을까요?

아침 시간에는 혈장 수준이 변화하여 기민해지고 정신이 맑아진다고 합니다. 정상적인 사람의 경우 오전 8시에는 혈장의 코티솔 수준은 약 16mg/100ml이나 점점 줄어서 밤 11시에는 6mg/100ml(60% 감소)까지 떨어집니다. 아침에 코티솔이 증가함으로 당신은 깨어나고 밤에는 줄어들어 잠을 자게 됩니다. 결과적으로 우리는 아침에는 기민한 상태에 있다가 밤이 될수록 점점 동작이 느슨해지는 것입니다.

키의 경우에서 보았듯이, 신체의 몇 가지 생리학적 특성들은 낮 동안에 변화합니다. 이들 특성들은 24시간 리듬을 가지고 있습니다. 시(時)생물학 Chronobiology이라고 불리는 이러한 변화에 관한 연구의 중요성은 할버그 Halberg(1974)에 의하여 강조되어 왔는데, 이를 통하여 환자에게 약을 투여하는 적절한 시간을 결정할 수 있습니다. 예를 들어 하루 중 특정한 시간에 효과적인 1회분의 약이 다른 시간에는 비효과적일 수 있습니다. 효율성은 투약시 혈액 속에 있는 생화학적 물질의 수준에 좌우될 수 있습니다. 시생물학은 광범위한 응용의 가능성을 지닌 연구분야가 되고 있습니다. 이 연구분야 발전의 많은 부분은 시간에 따라 얻어진 측정치에서 주기성을 찾아내고 확정하기 위하여 개발된 통계적 기법에 기인합니다.

2.13 친자확인소송

어떤 남자가 자기 아이의 아버지라고 한 여인이 주장하지만 그 남자는 그 사실을 부인한다고 가정해 봅시다. 그 남자가 그 아이의 아버지일 확률을 계산할 수 있습니까? 그리고 이 확률은 다른 증거들과 함께 법정에서 사용될 수 있을까요? 많은 나라의 경우 친자확인을 위하여 법정에서 통계적 증거를 인정하고 있습니다.

대개 그 증거는 혈액형이나 DNA구조에 의존하고 있습니다. 어떤 경우에는 추정상의 아버지와 자식의 혈액형이나 DNA구조가 일치하지 않아 여인의 주장이 틀리다는 명확한 결론을 갖게 됩니다. 그러나 만약 혈액형이나 DNA구조가 일치될 경우에는 그 여인의 주장이 옳다는 것을 함축하게 됩니다. 이 같은 경우 우리는 그 주장이 옳을 확률을 계산할 수 있습니다. 만약 확률이 높게 나타난다면 그 주장을 받아들일 수 있을 것입니다.

2.14 소금에 얽힌 통계이야기

…여전히 놀랍게도, 나는 한 철학적 작품을 보게 됐는데, 그 작품에서는 소금의 용도가 웅변적인 설교의 주제였으며 그 밖의 많은 물질들이 설교의 대상이 되어 비슷한 영광을 부여받았다.

- 페드러스Pheadrus (플라톤의 사랑에 관한 심포지엄)

인도에서는 독립 직후인 1947년 델리에서 종교폭동이 일어났습니다. 소수민족에 속한 많은 사람들이 보호구역인 레드포트Red Fort로 피신했으며 또 다른 사람들은 고대유적들로 둘러 쌓인 휴매니언Humanyun 무덤으로 피신했습니다. 정부는 이들을 먹여 살려야 할 책임이 있었습니다. 이 일은 정부가 피난민의 숫자를 파악하지도 못한 채 이 일을 용역업체에 맡겼습니다. 그런데 정부는 용역업체가 피난민들에게 제공하기 위하여 구입했다고 보고한 대로 그 대가를 지불해야만 했습니다. 이를 위한 정부지출은 엄청난 것이었습니다. 그래서 정부는 통계학자들에게 레드포트Red Fort 안의 피난민 수를 계산해 달라고 했습니다.

그러나 그 당시의 험악했던 분위기로 보아서 그 문제는 어려웠습니다. 또한 그 일을 수행하도록 초청된 통계전문가들이 다수민족(피난민들과는 다른 민족)에 속해 있는 사람들이었기 때문에 문제는 더욱 복잡했습니다. 만약 피난민의 숫자를 추정하기 위하여 사용될 통계적 기법이 레드포트 안에 들어가서 수행해야 하는 것이라면 통계전문가들의 안전도 보장할 수 없었습니다. 이제 전문가들 앞에 놓여진 문제는 숫자의 규모에 대한 아무런 사전정보도 없고 그 지역 안 사람들의 조밀도를 볼 기회도 없으며, 추정을 위한 기존의 표본추출기법이나 전수조사방법을 사용하지도 못한 채 일정지역의 사람 수를 추정하는 것이었습니다.

전문가들은 문제를 풀 수 있는 방법을 강구해야만 했습니다. 만약 전문가들이 포기할 경우 정부는 이 사건을 통계학은 물론 (또는) 통계학자들의 실패로 여길 것이기 때문입니다. 그들은 피난민들을 먹이기 위해 용역업체가 구입한 여러 가지 생필품들 즉 쌀, 콩, 소금 등에 대한 계산서를 접할 수 있었습니다. 그들은 다음과 같이 논의하였습니다.

R, P, S를 각각 모든 피난민들에게 먹일 하루 분량의 쌀, 콩, 소금의 양이라고 합시다. 소비조사를 통해 1인당 요구되는 생필품의 양은 알 수 있으며 이를 각각 r, p, s 라 합시다. 그러면 $R/r, P/p, S/s$ 는 같은 수의 사람에 대한 일정한 추정치를 나타내야만 합니다. 도급자들이 제시한 R, P, S의 값을 사용하여 이 비율을 계산하였더니 S/s가 가장 작은 값을 가지며 R/r이 가장 큰 값을 나타내어, 결과적으로 가장 비싼 생필품인 쌀의 양이 과장돼 있는 것으로 나타났습니다. (그 당시 인도에서는 소금 값이 매우 쌌기 때문에 소금의 양을 과장함으로써 얻을 수 있는 이익은 없었습니다.) 통계전문가들은 레드포트 안에 있는 난민들의 숫자에 대한 추정치로 S/s를 제시하였습니다. 이 방법으로 휴매니언 무덤에 있는 난민들의 숫자도 제시했는데, 독립적으로 조사해 본 바에 의하면 거의 유사하게 맞힌 것으로 확인

되었습니다.(휴매니언 무덤에는 2개의 캠프가 있었는데 작은 쪽 캠프에는 상대적으로 적은 숫자의 난민이 있었습니다.)

이 소금방법은 오랫동안 인도통계연구원에 관여한 고(故) 센굽타 J.M. Sengupta가 제시한 아이디어였습니다. 통계학자들이 제공한 추정치는 정부가 행정적 결정을 하는데 유용하게 사용되었습니다. 이 일은 또한 통계학의 권위를 높여 주었으며 인도에서의 통계학 발전과 함께 지금까지도 정부로부터 훌륭한 지원을 받는 계기가 되었습니다.

소금 방법은 구습을 탈피한 훌륭한 발상이며 그 어느 교과서에서도 찾아 볼 수 없는 것입니다. 그 아이디어의 뒤에는 통계적 추론방식 혹은 양적 사고방식이 있습니다. 아마도 그것은 예술적 요소도 포함하고 있다고 볼 수 있습니다.

2.15 경제적 혈액검사 §

이제까지 통계학의 승리를 설명하는 사례들을 제시하였습니다. 이것들은 일반적으로 받아들여지는 통계학의 두 가지 의미인 자료와 방법론의 측면보다는 양적 사고방식의 관점에서 제시하였습니다. 통계학의 세 번째 의미로 양적 사고방식을 들 수 있는데 이를 완전히 체계화하면 창조성의 원천이 될 것입니다. 두 가지 사례를 더 제시해 보겠습니다.

제2차 세계대전 동안에는 많은 징병이 필요했습니다. 그리고 응모자들 중 특정한 희귀 질병이 있는 사람을 가려내야 했는데 많은 작업이 수반되는 혈액검사를 해야 했습니다. 거부반응을 보이는 비율은 낮았지만 그 검사는 한 개인의 군인으로서의 적격여부를 판정하는 결정적인 것이었습니다. 그렇다면 어떻게 검사의 횟수를 줄이면서, 적격여부를 파악할 수 있겠습니까? 이 문제를 해결하기 위해 사용된 방법은 어떤 교과서에도 없는 것입니다. 여기에 어떤 통계학자에 의하여 제시된 훌륭한 해결책이 있습니다.

만약 평균적으로 20명 중 1명 꼴로 질병이 있다면, 20명의 응모자를 한 묶음으로 했을 때 20개의 개별검사를 통하여 평균적으로 하나의 양성반응을 찾을 수 있을 것입니다. 만약 여러 개의 혈액표본들을 혼합하여 검사한다면 혼합된 혈액표본 중 한 개 이상이 양성일 경우 전체혼합물은 양성반응을 보일 것입니다. 이 경우 20개의 개별검사 대신, 각각 10개의 혈액표본을 혼합한 2개의 혼합물로 2번의 검사를 한다고 가정합시다. 평균적으로 하나는 음성반응을, 다른 하나는 양성반응을 나타낼 것입니다. 후자의 혼합물에서만 양성반응을 나타냈을 경우 양성표본을 골라내기 위하여 10개의 개별검사를 하면 되는 것입니다. 그러므로 평균적으로 20개의 표본을 한 묶음으로 했을 때 2+10=12번의 검사만 하면 되는 것으로, 이는 검사횟수를 20번 중 8번, 즉 40%를 줄이는 결과를 가져옵니다. 만약 표본을 5개씩 혼합하는 경우를 생각하면 평균적으로 필요한 검사횟수는 단지 4+5=9로, 이것은 20개의 표본을 한 묶음으로 했을 때 11번 즉 55%의 검사횟수를 줄이는 최적의 혼합방법이 되는 것입니다.

이와 비슷한 상황에서 최적절차를 찾는 문제를 조사가 진행중인 질병의 감염률과 관련하여 찾아볼 수 있습니다. 질병에 감염된 비율을 π라 하면, 최적의 표본혼합크기는 식 $(1-\pi)^n-(1/n)$을 최대로 하는 n의 값입니다. 최적의 n을 발견하기 위한 최상의 방법은 여러 가지 다른 n의 값에 대한 함수 $(1-\pi)^n-(1/n)$의 값을 표로 만들어, 함수값이 최고가 되는 n의 값을 선택하면 됩니다.

이러한 생각은 아름답다고 말할 수 있습니다. 아울러 이러한 절차는 다른 분야에서도 채택될 수 있습니다. 예를 들어, 오염도를 측정하기 위하여 수많은 수원지로부터 채취된 표본을 자주 검사하게 됩니다. 이 경우 위에 기술된 방법을 채택함으로써 시험연구실의 자원을 늘리지 않고도 보다 정교한 표본검사가 가능하게 됩니다. 이러한 혼합표본검사는 환경공해 연구를 비롯한 여러 연구분야에서 넓게 응용되고 있으며, 그 결과 검사비용을 줄이는 효과를 얻게 됩니다.

2.16 식량생산을 증대시키기 위한 기계제작공장 건설 §

1950년대까지, 인도는 단지 100만 톤의 철을 생산하고 있었는데, 또 다른

100만 톤의 철을 생산할 수 있는 공장을 건설하자는 의견이 제시되었습니다. 그러나 전문가들이 철의 수요를 조사한 결과 150만 톤의 철이 필요한 것으로 나타났습니다. 이러한 숫자에 기초하여 100만 톤 생산규모의 새로운 공장 건설에 대한 타당성에 의문이 제기되었습니다. 공장건설 계획안은 기각되었고 그 대신 부족한 50만 톤의 철은 해외에서 수입하자는 대안이 제시되었습니다.

이러한 의사결정은 확실한 경제이론에 근거하여 내려졌을 것입니다. 계산에는 아무런 잘못이 없는 것처럼 보입니다. 그러나 보다 거시적 관점을 보지 못한 것입니다. 이 문제는 나라의 전체적 경제발전과 다른 경제활동분야의 자급자족이라는 궁극적 목표가 고려되지 않았습니다. 전문가위원회는 새로운 제철공장의 건설안을 부결시켰고, 그 결과 인도는 철강 수입을 위하여 매년 수백만 루피의 돈을 지불해야만 했습니다. 그럼 통계학자는 이 문제를 어떻게 생각했는지 살펴봅시다(마할라노비스, 1965).

인도에서는 매년 약 700만 명의 인구가 증가하고 있습니다. 향후 5년 동안 이 증가하는 인구를 먹여 살리기 위해서는 1500만 톤의 식량이 필요합니다. 만약 이것을 국제시세인 톤당 90달러에 수입해야만 한다면, 우리는 5년만에 13억 내지 14억 달러를 지출해야 할 것입니다. 1500만 톤의 식량을 증산하기 위해서 우리는 750만 톤의 비료가 필요합니다. 톤당 50달러라 하면, 5년 동안 지출되는 총비용은 4억 달러 정도가 될 것입니다. 식량을 수입하는 것보다는 비료를 수입하는 것이 더 효과적이지 않겠습니까?

우리는 더 깊이 살펴볼 수 있습니다. 비료공장을 만들기 위해 필요한 외화는 단지 5000만 내지 6000만 달러에 불과합니다. 우리는 필요한 양의 비료를 생산하기 위하여 이러한 공장이 5개 필요합니다. 그러면 결과적으로 모두 3억 달러의 비용이 필요하지만 공장은 5년 후에도 계속하여 비료를 생산한다는 부가적 이익이 있습니다. 비료를 수입하는 것보다는 비료공장을 건설하는 것이 보다 현명한 방법이 아닐까요? 우리는 한 발 더 나아가 비료를 제조하는 기계류

제작공장을 건설할 수 있는데, 이에 들어가는 비용은 모두 5000만 내지 6000만 달러밖에 되지 않습니다. 이러한 방법으로 단지 5000만 내지 6000만 달러를 들여 3억 내지 4억 또는 14억 달러가 소요되는 일을 처리해 낼 수 있습니다. 기계제작공장들을 세우는 것이 보다 더 현명한 방법이 아닐까요?

이러한 논의는 다음과 같은 속담을 생각나게 합니다.

못이 필요해서 말의 편자를 없앴습니다, 편자가 필요해서 말을 처분했습니다, 말이 필요해서 기수를 팔았습니다. 기수가 필요해서 왕국을 잃었습니다.

일단의 경제학자들은 마할라노비스적 생각은 경제학 원리에 일치되지 않는다고 주장했습니다. 그러나 뒤돌아보면 마할라노비스의 계획이 인도를 산업화시키는 데 기여했음을 우리는 잘 알고 있습니다.

2.17 실종된 소숫점 숫자들

통계학자는 가끔 다른 사람들이 수집한 자료들을 가지고 작업을 하게됩니다. 엄청난 비용을 수반한 정보수집도 그 목적이 정확히 정의되어 있지 않은 경우가 많습니다. 통계학자들의 첫 번째 일은 수집된 자료가 어떤 것인지 이해하기 위하여 조사자에게 질문하는 것입니다. 즉, 자료가 언급하고 있는 개인이나 사물이나 혹은 지역들의 모집단, 채택된 표본추출방법, 측정에 관한 개념과 정의들, 측정치들을 얻기 위하여 사용된(사람이든 기구이든) 매개체, 설문지의 내용, 자료 중 출판물이나 다른 것으로부터 얻은 부분이 있는지의 여부, 마지막으로 조사목적은 무엇이며, 수집된 자료에 기초하여 문제를 해결하기 위해서는 어떤 질문을 해야하는가 하는 것들입니다. 통계학자와 조사자 사이에는 마치 서로가 상대방의 "언어"를 이해하지 못하는 것처럼 대화에 이려움이 있을 것입니다. 이 경우 각자는 서로 상대방의 언어를 배우려고 노력함으로써 이 문제를 극복할 수 있습니다.

통계학자는 문제를 이해하고, 문제해결 시 적용할 통계적 기법을 선택하기 위하여 자료의 특징을 이해하고자 하지만 조사자는 통계학자의 그런 노력을 그리 달갑게 생각하지 않으며 끈기 있게 참고 견디질 못합니다. 이런 경우 조사자는 마치 의사에게 진찰할 기회조차 주지 않은 채 자신이 고통받고 있는 병에 대한 약을 처방해주기를 바라는 환자같이 행동할 것입니다. 그러나 다른 사람이 만들어놓은 자료를 액면 그대로 받아들여 통계학적 도구에 집어넣은 다음 손님이 원하는 최종 결과를 만들어 낸다는 것은 통계학자에게 있어서는 비윤리적인 행동이 되는 것입니다.

조사자와의 대화 이후 통계학자는 또 다른 심각한 문제에 봉착하게 됩니다. 그는 조사자로부터 건네 받은 많은 분량의 정보를 가지고 있습니다. 이 자료들은 조사자에 의하여 선택된 특정한 모형에 의하여 만들어진 것인데 오류 없이 기록된 것처럼 보입니다. 이 자료들은 조사자가 최초에 의도했던 것들을 나타내고 있을까요? 통계학자는 주어진 자료 자체만으로 이 문제에 대한 해답을 찾을 수 있을까요? 그는 어떻게 숫자들과 대화할 수 있을까요?

통계학자와 숫자들 사이의 대화, 즉 자료를 세밀히 조사하는 것은 자료분석에 있어서 필수적이고도 흥미로운 부분입니다. 여기에는 일정하게 정형화된 방식이 없고, 대부분이 숫자들과 대화하는 통계학자 자신의 능력에 의존합니다. 통계학자에게 제시된 자료들 중에는 다른 값과 비교할 때 너무 작거나 너무 커서 의심스러운 것들도 있고, 어떤 것은 출처가 불분명한 채로 기록되어 있기도 합니다. 몇몇 경우는 원본과 대조해 봄으로써 충분히 해결될 수 있을 것입니다. 또 어떤 경우는 일관성에 관한 평범한 검정이 도움이 될 수도 있습니다. 그러나 그 나머지 부분들에 대해서는 아무런 일반적 처방이 없습니다.

한가지 사례를 보여 드리겠습니다. 한 통계학자는 벵골지역의 카스트와 부족에 대한 인체 측정치들을 분석해 줄 것을 요청 받았습니다. 각 개인의 체중은 측정된 10가지의 특질 중 하나였으며, 체중 측정치들(스톤단위로 측정, 1스톤은 14파운드)은 7.6, 6.5, 8.1, … 등이었습니다. 측정치를 편집한 사람은 스톤으로 측정된 값에 14를 곱하여 파운드로 바꾸었습니다. 그러므로 7.6, 6.5, 8.1, … 등으로 표현되었던 스톤의 수치는 14×7.6=106.4, 14×6.5=91.0, 14×8.1=113.4, … 등과 같이 파운드로 바뀌어 표현되었습니다. 그 통계학자는 편집된 값을 보는 대신 원래 수치를 검토하기로 마음먹었습니다. 그런데 그는 체중에 관한 관측치들에서 소수점 자리에 7, 8, 9의 숫자가 하나도 없는 것을 발견하였습니다! 틀림없이 무엇인가 이상해 보였습니다. 기록된 숫자들은 조작되어 있는 것 같지 않았으며, 전환된 숫자들도 아무런 이상이 없는 것처럼 보였기 때문에 만약 원래 기록들을 보지 않았다면 오류는 발견되지 않았을 것입니다. 조사결과 측정에 사용된 체중계는 대영제국에서 만들어진 것으로 스톤으로 표시된 눈금이 6개 있고 눈금과 눈금사이는 7개의 세부눈금이 있는 것으로 밝혀졌습니다. 조사자는 분명히 측정기구 눈금에 기재되어 있는 스톤의 숫자와 세부눈금의 숫자를 소수점으로 분리하여 기록했던 것입니다. 위대한 힌두Hindu의 발명품인 십진기수법이 잘못 사용된 것입니다! 원래의 측정치 7.6을 파운드로 바르게 변환하면 106.4가 아니라 14×7+6×2=110입니다. 결국 통계학자의 세심한 관찰로 벵골인의 평균 체중은 줄어든 4~5파운드를 복구하게 되었습니다(아무런 영양보충 없이 말입니다!).

통계학자는 그의 상상력을 동원하여 숨겨진 미스터리를 풀 수 있는 조그마한 단서나 힌트라도 찾아다니는 탐정이 되어야만 합니다. 그는 다음의 격언을 충실히 따라야만 합니다.

모든 숫자는 무죄로 입증되지 않는 한 유죄로 보아야 한다.

2.18 Rh인자: 과학적 조사에 관한 보고서 §

이 이야기는 Rh혈액형의 유전 메커니즘이 어떻게 하여 그처럼 짧은 시간에 영국 연구원들에 의하여 밝혀졌는가를 설명하는 글입니다. Rh인자는 1939년에 레빈Levin에 의하여 발견되었습니다. 그는 한 사산아에서 Δ(혹은 항원-D)라고 불리는 항체를 함유하고 있는 어머니의 혈청을 발견했는데 그것은 백인 미국인이 기증한 혈액 중 85%와 점착될 수 있는 것이었습니다. 이것은 2개의 대립유전자를 지니는 멘델 인자가 가능하다는 것을 암시했습니다. 이 2개의 대립유전자중 하나가 항원 D를 생성하고 있는 것입니다. 결론적으로 이야기를 요약하면 χ(항원-c), Γ(항원-C), H(항원-E)라고 불리는 다른 항체들이 차례로 발견되었고, 이들이 나타낸 반응(+ 와 -)을 조합하여 적어도 7가지의 서로 다른 대립유전자(또는 유전복합체)를 발견할 수 있었습니다. $R_1, R_2, r, R_0, R^{''}, R^{'}, R_z$로 명명된 7가지의 유전복합체들에 대한 항체 χ, Γ, Δ, H의 반응이 <표5.5>의 첫 번째 블럭에 표시되어 있습니다. 기존의 7가지 유전복합체에 대한 χ, Γ, Δ, H의 반응으로부터 레이스Race(1944)는 다음과 같은 주장과 예측을 하였습니다.

7가지의 유전복합체 중 γ와 Γ에서 똑같은 반응을 보이는 것이 하나도 없는데 이것은 그것들이 특별 항체임을 암시하는 것입니다. 따라서 각각 δ와 η로 표시되는 Δ와 H에 대한 특별 항체도 존재할 가능성이 높다는 것입니다.

표5.5 7가지 유전 복합체의 다양한 반응

유전복합체	기존항체 γ Γ Δ H	예측항체 δ η	제시된 유전복합체
R_1	- + + -	- +	CDe
R_2	+ - + +	- -	cDE
r	+ - - -	+ +	cde
R_0	+ - + -	- +	cDe
R''	+ - - +	+ -	cdE
R'	- + - -	+ +	Cde
R_z	- + + +	- -	CDE
$^*R_y$	- + - +	+ -	CdE

* 예측된 유전 복합체

또한 R_y로 이름 지은 또 다른 유전복합체가 존재할 가능성이 있는데 이것에 관한 반응들은 <표5.5>의 마시막 줄에 표시되어 있습)]다. 전체적으로 보면 각각의 항체가 8개의 유전복합체에 대하여 4개는 양성반응을 보이며 4개는 음성반응을 보이고 있습니다.

레이스가 제시한 이러한 가설을 1년 동안 연구한 끝에 모란트Mourant(1945)는 항체 η와 다이아몬드처럼 빛나는 항체 δ를 발견하였습니다.

피셔(1947)는 유전복합체의 성격을 3개의 멘델 인자로 설명하였는데, 그 3개의 멘델 인자는 각각 (C,c), (D,d), (E,e)로 표시되며 이들은 대립유전자와 밀접하게 연결되어 있습니다. 유전자 C, D, E는 각각 항체 Γ, Δ, H에 양성반응을 보이고, 유전자 c, d, e는 각각 항체 γ, δ, η에 양성반응을 보입니다.

유전 메커니즘은 훨씬 복잡하여 위에서 언급된 대립유전자 이외에도 더 많은 것을 갖고 있을 것으로 우리는 추측하고 있습니다. 이처럼 체계적으로 수집된 자료를 세심하게 처리하여 수행된 조사연구는 Rh인자가 처음 발견되었을 때의 혼란스럽고 어려워 보였던 상황을 빠르고도 효율적으로 처리했습니다.

2.19 가족크기, 출생순서, 그리고 I.Q.

고등학교 상급반 학생들의 평균 학업적성검사Scholastic Aptitude Test(-SAT) 점수가 지난 20년 동안 하향하고 있다는 연구결과가 몇 건 보고되었습니다. 이런 현상을 설명하기 위해 여러 나라에서 자료를 수집하여 어린이들의 SAT점수와 부모의 직업, 가족크기, 출생순서 간의 연관성을 연구하였습니다. <표5.6>과 <표5.7>은 이와 관련한 2건의 연구에서 사용된 자료입니다.

표5.6 가족 내 형제 자매수에 따라 분류하여 측정된 영국 어린이의 평균 지능점수I.Q.

형제자매수(명)	지능점수	표본가정수
1	106.2	115
2	105.4	212
3	102.3	185
4	101.5	152
5	99.6	127
6	96.5	103
7	93.8	88
8이상	95.8	102

표5.7 가족 내 출생순서에 따른 국가자격시험의 평균 점수(미국,1965)

형제자매수(명)	출생순서				
	1	2	3	4	5
1	103.76				
2	106.21	104.44			
3	106.14	102.89	102.71		
4	105.59	103.05	101.30	100.18	
5	104.39	101.71	99.37	97.69	96.87

<표5.6>과 <표5.7>의 자료에서 알 수 있는 것은 가족크기가 증가함에 따라 점수가 일반적으로 감소하며(<표5.7>의 가족크기 1에서의 수치는 예외) 동일 가족크기 내에서는 출생순서에 따라 점수가 감소하고 있다는 것입니다(늦게 태어난 아이가 일찍 태어난 아이보다 덜 영리하다는 것을 암시함).

연구 결과 늦게 태어난 아이가 일찍 태어난 아이보다 낮은 지적환경에서 성장한다는 주장이 나왔습니다. 여기서 지적환경으로는 부모와 일찍 태어난 아이들의 평균적인 지적수준을 고려하였습니다. 지적수준은 나이에 의존하는데 늦게 출생한 아이가 태어날 때 일찍 태어난 아이들의 지적수준이 높아지도록 나이 터울을 크게 하였더니 효과가 뒤바뀌었습니다.

*참고문헌

- Boneva, L.L.(1971). A new approach to a problem of chronological seriation associated with the works of Plato, In *Mathematics in the Archaeological and Historical Sciences,* Edinburgh University Press, 173-185.

- Fisher, R.A.(1938). Presidential Address, First Indian Statistical Conference, Calcutta, *Sankhya,* 4, 14-17.

- Fisher, R.A.(1947). The Rhesus factor:A study in scientific method, *American Scientist,* 15, 95-103.

- Fisher, R.A.(1952). The expansion of statistics (Presidential address), *J. Roy. Statist. Soc.* A, 116, 1-6.

- Fisher, R.A., Corbet, A.S. and Williams, C.B.(1943). The relation between the number of species and the number of individuals in a random sample of an animal population, *J. Anim. Ecol.,* 12, 42-58.

- Halberg, J.(1974). Catfish Anyone?, *Chronobiologia,* 1, 127-129.

- Kac, Mark(1983). Marginalia, Statistical odds and ends, *American Scientist,* 71, 186-187.

- Kruskal, J.B., Dyen, I. and Black, P.(1971). The vocabulary method of reconstructing language trees: innovations and large scale applications, In *Mathematics in Archaeological and Historical Sciences,* Edinburgh University Press, 361-380.

- Macmurray, J.(1939). *The Boundaries of Science,* Faber and Faber, London.

- Mahalanobis, P.C.(1965). Statistics for Economic Development, *Sankhya* B, 27, 178-188.

- Mosteller, F. and Wallace, D.(1964). *Inference and Disputed Authorship,* Addison-Wesley.

- Mourant, A.E.(1945). A New Rhesus Antibody, *Nature,* 155, 542.

- Nita, S.C.(1971). Establishing the linkage of different variants of a Romanian chronicle, In *Mathematics in Archaeological and Historical Sciences,* Edinburgh University Press, 401-414.

- Rao, C.R.(1957). Race elements of Bengal: A quantitative study, *Sankhya,* 19, 96-98.
- Race, R.R.(1944). An incomplete Antibody in Human Serum, *Nature,* 153, 771.
- Swadish, M.(1952). Lexico-statistic dating of prehistoric ethnic contacts, *Proc. Amer. Philos. Soc.,* 96, 452-463.
- Thisted, Ronald and Efron, Bradley(1987). Did Shakespeare write a newly-discovered poem?, *Biometrika,* 74, 445-455.
- Trautmann, T.R.(1971). *Kautilya and the Arthasastra,* A statistical investigation of the authorship and evolution of the text, E.J. Brill, Leiden.
- Yardi, M.R.(1946). A statistical approach to the problem of chronology of Shakespeare's plays, *Sankhya,* 7, 263-268.

제6장

통계학의
일반적 이해
: 수로부터의 학습

삶은 부족한 증거로부터
충분한 결말을 얻는 예술이다.

- 버틀러Samuel Butler

우리는 신의 생각을 이해하기 위하여
통계학을 공부해야만 하는데,
이는 그가 의도하는 바를
미루어 알 수 있기 위함이다.

- 나이팅게일Francis Nightingale

1. 모든 사람을 위한 과학

1939년에 출판된 "과학의 사회적 기능The Social Functions of Science"이라는 책에서 저자 버널J. D. Bernal은 다음과 같이 언급하였습니다.

만일 과학에 대한 실제적인 이해가 우리 일상생활의 한 부분이라는 것을 동시에 인식하지 못한다면, 과학자들이 서로의 연구를 통해 얻은 지식을 증진시킨다 해도 그것은 더 이상 소용이 없을 것이다.

버널이 과학에 대해 언급한 이러한 말의 중요성이 인식되고 대중들에게 과학적 지식을 널리 알리고자 하는 노력이 있기까지는 불과 반세기밖에 되지 않았습니다. 선진국들의 국립 과학아카데미에서는 특별전문위원회를 구성하여 이들로 하여금 이와 관련된 문제점들을 조사하고 그 해결책을 제안하도록 하였습니다. 영국 학술원은 5년 전에 두 가지의 목적을 가지고 '과학과 대중의 관심사Science and Public Affairs'라는 새로운 저널을 발행했습니다. 그 두 가지 목적이란, 하나는 대중들이 과학적 문제에 대한 이해를 보다 쉽게 하도록 하는 것이며, 다른 하나는 과학과 기술의 발견이 일상생활과 밀접한 관련이 있다는 것을 설명하는 것이었습니다. 영국 학술원이 제기한 새로운 슬로건은 다음과 같습니다.

과학은 모든 사람을 위한 것이다.

과학이 사회에서 우리가 행하는 거의 모든 것에 널리 적용되는 것은 의심할 여지없이 분명하며, 따라서 과학에 대한 대중적 이해의 중요성을 강조할 필요는 없을 것입니다. 일반인들은 새로운 기술이 어떻게 그들의 삶의 기준을 유용하게 증진시키는지를 알아야 합니다. 또 일반인들은 기업가들이 그들의 이득을 위하여 새로운 발견을 탐구하는 결과가 사회와 환경에 해가 될 수 있다는 점도 알아야 합니다. 일반인들은 전국에 걸쳐 원자력 발전소를 건설하는 것과 같은 정부의 정책이 그들 자신의 삶과 자손들의 삶에 어떤 영향을 끼치게 되는지를 이해하여야 합니다.

버날이 책을 썼을 당시에는 통계학은 별도의 학문분야로 인식되지 않았습니다. 통계학이 관측자료로부터 정보를 도출하는 방법이며 불확실한 상황 아래서 의사결정을 내리는 논리로서 그 중요성이 알려진 것은 단지 20세기의 2/4분기 때부터입니다. 이런 통계학 지식은 사람들의 모든 삶의 행적에 있어서 가치 있는 자산입니다. 만약, 버날이 살아 있어 오늘날 그의 저서 "과학의 사회적 기능"의 개정판을 출간한다면, 통계학의 대중적 이해가 과학의 다른 어떤 분야보다 훨씬 중요하다는 사실을 여기저기 삽입했을 것입니다.

2. 자료, 정보 그리고 지식 ˟

확실한 것의 단 한 가지 문제점은 그것이 불확실하다는 것이다.

통계학은 무엇입니까? 과학입니까, 기술입니까, 논리학입니까, 아니면 예술입니까? 그렇지 않으면 수학, 물리학, 화학, 생물학과 같이 연구분야가 제대로 정의된 별개의 학문입니까? 우리는 통계학에서 어떤 현상을 공부해야 할까요?

통계학은 통계학만의 고유한 문제가 없는 독특한 학문입니다. 통계학은 다른 분야에서 발생하는 문제를 해결함으로써 존재하고 번창하는 것으로 보입니다. 새비지L. J. Savage의 말을 인용해 보도록 하겠습니다.

통계학은 근본적으로 기생적입니다. 통계학은 다른 분야의 일에 의지해서 살아갑니다. 그렇다고 해서 이 학문을 하찮게 볼 것은 아닙니다. 왜냐하면 많은 숙주들은 거기에 기생하는 기생동물이 없으면 살지를 못하기 때문입니다. 어떤 동물들은 기생동물 없이는 음식을 제대로 소화시키지 못합니다. 인간사의 많은 연구분야도 이와 같아 통계학이 없으면 훨씬 무력해졌을 것입니다.

통계학이 대학의 이수과정으로 받아들여진 것은 겨우 20세기에 들어서입니다. 그러나 아직까지도 일반대중과 전문직업인들은 과학과 사회에서의 통계학의 역할에 대해 제대로 이해하지 못하고 있습니다.

통계학에 대한 오해와 회의를 나타내는 다음과 같은 말이 얼마 전까지도 있었습니다.

거짓말, 새빨간 거짓말, 그리고 통계학.

통계학으로 판단을 이끌어낼 수는 없다.

나는 해답을 알고 있다. 그 해답을 입증하기 위하여 통계학이 필요하다.

당신은 통계학을 이용하여 무엇이든지 증명할 수 있다.

또한, 다음과 같은 농담도 있었습니다.

통계학은 마치 비키니 수영복과 같은 것이다. 그것은 모든 것을 보여주는 것 같으면서도 지극히 중요한 부분은 숨기고 있기 때문이다.

이제 통계학은 우리가 하는 말의 사실성을 보이기 위해 사용하는 마술적 단어가 되었습니다.

흡연이 나쁘다는 것은 통계가 증명한다.

통계에 따르면, 미혼인 남성들이 10년 정도 빨리 사망한다.

통계적으로 말해서 키가 큰 부모는 키가 큰 자녀를 낳는다.

격일로 아스피린 한 알을 먹으면 2차 심장발작의 위험이 줄어든다는 것이 통계조사에 의해 밝혀졌다.

둘째 아이가 첫째보다 덜 똑똑하고, 셋째 아이가 둘째보다 덜 똑똑하다는 등의 통계적 증거가 있다.

매일 비타민C 500mg을 섭취하면 6년 정도 삶이 연장된다는 것을 통계가 증명한다.

* 공처가인 남편들이 심장발작의 위험이 더 크다는 것이 통계조사에 의해 밝혀졌다.

* 학생들에게 모차르트 피아노 소나타를 10분 동안 들려준 후에 추리력검사를 하면 10분 동안 조용히 쉬거나 긴장완화 테이프를 들려준 후에 검사한 경우보다 더 좋은 성적이 나온다는 것이 통계적 실험에 의해 밝혀졌다.

학문이나 연구분야로서의 통계학은 짧은 역사를 가지고 있지만 아주 오래 전부터 수치적 정보로 이용되어 왔습니다. 고대의 여러 가지 기록들에는 국가와 그들 국가의 자원, 국민의 구성에 대한 수치적 정보가 들어 있습니다. 이것은 통계Statistics라는 단어가 국가State로부터 유래한다는 것을 설명해 줍니다. 오늘날 우리가 알고 있는 인구조사나 농업조사에 관한 것을 중국의 "쿠안추Kuan Tzu"(B.C. 1000년), "구약Old Testament"(B.C. 1500년), 인도의 "카우틸리아의 아르타사스트라Arthasastra of Kautilya"(B.C. 300년) 등에서 발견할 수 있습니다.

통계에 관한 초기의 기록 중 하나는 50세기 전(B.C. 3000년)에 살았던 이집트 왕의 권표 위에 새겨진 숫자들입니다. 그 숫자들은

전쟁포로: 120,000명
소: 400,000마리
염소: 1,422,000마리

로 되어 있는데, 이는 다른 왕국과의 전쟁 후 승리한 왕의 군대가 포획한 전리품 목록입니다. 이처럼 깔끔하게 어림잡은 숫자들은 어떻게 얻어졌을까요? 그 숫자들은 왕실의 기록관리인이 센 실제 숫자일까요, 아니면 승리한 왕의 부풀려진 상상에 의해 만들어진 가상의 숫자일까요? 수치를 과감하게 어림잡은 것은 전리품의 규모를 크게 강조하기 위한 것일까요? 사무엘 존슨Samuel Johnson은 다음과 같이 생각했습니다.

어림잡은 숫자들은 항상 틀린다.

독일인 의사 바이루스Weirus도 이렇게 생각했던 것 같습니다. 그가 살던 16세기 유럽의 대부분 지역은 질병과 마녀에 대한 두려움으로 사로잡혀 있었습

니다. 그는 지구에 존재하는 유령들이 정확히

7,405,926

이라고 산정했습니다! 대부분의 사람들은 바이루스가 학식 있는 사람이므로 이 숫자는 실제로 집계된 것이라고 믿었습니다.

나는 미국에서 세금정산서류를 정리하면서 '세금안내 지침서Tax Guide'에서 권유하는 말이 떠올랐습니다.

> GAO보고서를 자세히 관찰해 보면 세금정산시 발생할 수 있는 분쟁을 최소화시킬 수 있는 확실한 한 가지 방법을 발견할 수 있습니다.
> 즉, 금액을 반올림하지 마십시오. 100, 250, 400, 600달러와 같은 숫자들은 171, 313, 496달러와 같은 숫자보다도 검사관의 의심을 더 많이 사게 됩니다.
> 만약 당신의 지출을 추정해야 한다면 홀수로 추정하십시오.

통계학의 어원학적 정의는 어떤 수단을 통해 얻어진 자료data입니다. 자료는 무엇을 뜻합니까? 구체적으로 정해진 목적을 위해 그 자료를 어떻게 사용해야 합니까? 우리는 주어진 문제를 해결하기 위해서 관찰된 자료 속에 어떤 종류의 정보가 얼마만큼 들어있는가를 알아야 합니다.

정보란 무엇입니까? 정보이론분야의 전문가 샤논Claude Shannon이 제시한 가장 논리적인 정의는 "불확실한 것에 대한 해답"이며, 문제를 해결할 때 핵심적 역할을 하는 것입니다. 자료 그 자체는 어떤 문제에 대한 해답이 되지 못합니다. 그러나 우리는 그 자료를 기본적 토대로 하여 문제를 얼마나 잘 해결할 수 있는가를 판단할 수 있으며, 하나의 해답이 얼마나 확실한가 또는 얼마나 불확실한가를 판단할 수 있습니다. 관측된 자료를 처리하여 불확실성을 어느 정도 해결할 수 있는가를 밝혀 낼 수 있습니다. 자료에 의해 제공되는 불확실성의 양을 아는 것은 적절한 의사결정을 내릴 수 있도록 하는 중요한 열쇠가 됩니다. 그것은 여러 가지 다른 선택적 결정으로 인한 결과를 비교 고찰할 수 있게 하여, 가장 해롭지 않은 것을 선택하게 합니다. 통계학은 이제 마치 사다리를 한 계단씩 올라가는 것처럼 자료에서 정보로 옮겨가는 논리학으로 이해되고 있습니다.

정보가 점차적으로 늘어 불확실성이 최소한의 수준으로 줄어듦에 따라, 우리가 취하는 행동(물론 적은 규모의 불가피한 위험을 수반하는)에 확신을 제공하는 지식의 사다리를 몇 계단 올라가는 것입니다. 그런 지식의 상태는 모든 영역이나 모든 상황에서 얻을 수 있는 것이 아닐지도 모릅니다. 이런 상황이 통계학을 필요로 합니다. 즉, 주어진 자료와 관련된 불확실한 수준에서 의사결정을 하기 위한 방법론으로서 통계학이 필요할 것입니다.

유명한 과학자 로이Rustrum Roy에 의하면, 널리 통용되는 지식에 적합하고 그 범위가 넓어지면 그 지식은 지식보다 한 계단 위에 있는 지혜가 된다고 합니다. 그러나 다음과 같은 오래된 속담이 있습니다.

지혜에 도달할 수 있는 길은 무엇인가? 그 방법은 분명하고 간단하다.

그것은 실수하고 또 실수하고 다시 틀리는 과정 속에서 점점 그 실수가 줄어드는 것이다.

3. 정보혁명과 통계학의 이해

유능한 시민으로 완벽하게 입문하기 위해 …, 읽고 쓸 줄 아는 능력만큼이나 평균이나 최대 최소의 관점에서 생각하고 계산할 줄 아는 능력이 필요하다는 것을 알게 되면 기회는 아주 멀리 있는 것이 아니다.

- 웰스 H. G. Wells

농업혁명과 산업혁명을 거치면서 인류는 번영하기 시작했습니다. 그러나 이러한 것들이 기아와 질병으로부터 고통받는 사람들의 문제를 완전히 해결해 주지는 못했습니다. 이것의 주된 장애요인은 미래를 예측하고 현명한 정책결정을 하는 능력의 부족이었습니다. 건전한 정책은 좋은 정보로부터 나옵니다. 그러므로 불확실성을 줄이고 보다 나은 의사결정을 위해서 데이터베이스를 크게 구축할 필요가 있습니다.

프로젝트를 계획하고 실행하는 핵심 구성요인으로서 전문기술보다 정보가 더 중요하다는 사실이 이제는 널리 알려져 있습니다. 우리는 이미 공기업과 민간기업들이 모두 정보를 취득하고 처리하는 데에 막대한 자본을 투자함으로서 정보혁명이 일어나고 있는 것을 목격하고 있습니다. 미국에서는 공기업과 민간기업에서 일하는 종업원들의 약 40~50%가 전적으로 이런 활동에 종사하고 있다고 합니다.

신문들이 상당한 공간을 할애하여 온갖 종류의 정보를 제공하는 사실만 보더라도 사회에서 통계에 대한 수요가 많다는 것을 알 수 있습니다. 우리는 한 주간의 자세한 일기예보를 보고 옥외활동을 계획합니다. 증권시장의 주식시세를 보고 어떻게 투자할지를 결정합니다. 스포츠에 관한 특별섹션을 마련하여 전세계에서 벌어지는 스포츠행사를 알려줍니다. 캐나다의 애드몬튼 시에서 발행되는 한 일간신문은 일일모기지수 Daily mosquito index라는 것을 발표하여 시 당국이 모기퇴치를 위해 최선을 다하고 있다는 것을 알려주어 일반대중들을 만족시켜 줍니다. 뉴욕타임즈 New York Times는 지면의 거의 30%

를 각종 통계와 그 통계와 관련된 기사로 채우고 있습니다.

소비자를 위한 어떤 잡지는 상품들의 가격과 시장에 나와 있는 여러 제품들의 성능을 비교 평가한 정보를 일반대중들에게 알려줍니다.

통계를 이해하는 데는 여러 수준이 있는데 각 수준이 모두 중요합니다. 첫 번째는 개개의 모든 사람을 위한 것입니다. 3R(읽기Reading, 쓰기Writing, 셈하기Arithmetic)을 알아야 할 필요성에 대해서는 잘 알려져 있습니다. 그러나 이것만 가지고는 일상생활에서 매 순간 닥치는 불확실성을 대처하기란 무척 어려운 일입니다. 대학에 들어갈 때, 결혼할 때, 투자할 때, 매일 직장에서 일을 처리할 때 등 우리가 의사결정을 해야만 할 경우는 많습니다. 이러한 상황은 다른 종류의 기술을 필요로 하는데 그것이 바로 네 번째 R, 바로 통계적 추론 Statistical reasoning입니다. 즉, 통계적 추론을 통해 자연과 인간행동의 불확실성을 이해하고 그 자신의 경험과 다른 사람들의 종합적인 경험을 토대로 의사결정 함으로써 위험을 최소로 줄일 수 있는 것입니다. 더 나아가, 개인의 통계학적 지식은 자신과 가족을 전염병 등으로부터 보호해 주며, 정치가들이 주장하는 선전과 사업가들의 부도덕한 광고로부터 자기 자신을 보호해 주고, 질병보다 더 위험한 미신을 버리게 해주는 자산입니다. 또한 통계적 지식은 일기예보를 이용할 수 있게 해주며, 원자력발전소에서의 방사능 누출과 같은 재난과 그의 삶에 영향을 미치지만 사신이 통제할 수 없는 다수의 상황들을 이해할 수 있게 도와줍니다.

전문가가 아닌 보통사람이 네 번째 R을 배우기 위하여 통계학에 대한 특별한 공부를 할 필요가 있을까요? 그 대답은 '아니오'입니다. 산수와 함께 고등학교 과정에서 배우는 어느 정도의 통계교육이면 충분합니다. 우리의 학교 교육시스템은 불확실한 세상에서 살아가는 방법과 최첨단의 현대적 삶에서 직면하는 여러 상황들에 대비하는 방법을 교육하는 대신, "부화하기 전에는 알의 수를 세지 말라"와 같은 문장이 나타내듯이 학생들에게 위험을 주의시키고 문자로 된 것을 신뢰하도록 조장하는 데에 초점이 맞춰져 있습니다.

우리는 어떻게 장래의 위험을 계산해 내고 예측해 내는지 배워야만 합니다. 최근, 워싱턴의 베트남참전용사 기념비에 새겨진 이름들 중에 적어도 38명이 잘못 작성됐다는 언론보도가 있었습니다. 그 일의 책임자에게 물었더니 그는 이렇게 말했습니다.

기념비를 건설할 당시에는 기록이 완전하지 못해서 그 사람들이 죽었는지 확신이 서지 않았습니다. 기념비가 세워진 뒤에도 거기에 이름을 추가하는 것이 가능한 줄 몰랐습니다. 그래서 그들의 이름을 거기에 포함시키지 않으면 그 사람들은 역사의 뒤안길로 사라져 버릴 것으로 생각했습니다.

다음으로 정치가와 정책입안자에게도 통계적 지식은 중요합니다. 정부는 거대한 행정조직을 이용하여 자료를 수집합니다. 그 자료들은 매일매일의 행정에서 올바른 정책결정을 하기 위해 사용되며, 또한 사회복지를 위한 장기계획을 수립하는 데도 사용됩니다. 정책입안자들은 의사결정할 때 기술적 조언을 구하지 않으면 안됩니다. 그러나 정보를 이해하고 해석하기 위해서는 그들 자신이 어느 정도의 기술적 지식을 습득하고 있는 것이 중요합니다. 다음의 일화는 이 점을 설명하고 있습니다.

정부나 산업체에서 일하는 통계전문가들은 가끔 그들의 상급자와 언어장벽에 부딪치곤 합니다. 행정전문의 공무원인 통계국장이 한 그룹의 통계전문가들과 회의를 하고 있었는데, 통계전문가들은 다른 기관으로부터 받은 한 보고서의 일부 추정치들에 표준오차 Standard error가 없다고 불평하고 있었습니다. [표준오차란 추정치와 함께 제시되는 양적 표현인데 추정치가 어느 정도의 오차를 갖고 있는지에 대한 개념을 전달해 줍니다.] 그러자 그 국장은 즉각 다음과 같이 말했다고 합니다. "오차에도 표준이 있습니까?" 자문을 맡은 한 통계전문가가 차 위원회 Tea Board에 제출한 보고서에 다음과 같은 제목이 붙은 표가 있었습니다. '차 애호가의 추정치와 표준오차'(Estimated number of people taking tea with standard error). 그러자 곧 차와 함께 먹는 표준오차라는 스낵이 무엇이고, 어떤 사람들이 이것을 차와 함께 마시는지 묻는 편지가 이 통계전문가에게 배달되었습니다.

영국의 한 왕립위원회는 중산층 가정의 평균자녀수가 2.2명이라는 통계보고서를 검토한 후 다음과 같이 논평했습니다.

성인 여성 한 명당 2.2명의 자녀를 갖는다고 하는데 그 숫자는 어떤 면에서 불합리합니다. 따라서 평균자녀수가 소숫점이 없는 보다 편리한 숫자로 증가하도록 중산층에 재정지원을 해야한다는 의견이 제시되었습니다.

어떤 보건부 장관은 통계전문가가 제출한 보고서에서 지난해에 1000명의 어떤 질병 환자 중 3.2명이 죽었다는 내용을 보고 당혹해 하였습니다. 그는 행정관인 자신의 개인비서에게 어떻게 3.2명의 사람이 죽을 수 있느냐고 물었습니다. 그 비서는 다음과 같이 대답했습니다.

장관님, 통계전문가가 3.2명이 사망했다고 말할 때는, 3명은 확실히 사망한 사람이고 2명은 빈사 상태에 이른 사람이라는 것을 의미하는 것입니다.

정부의 정책결정은 그것이 수백만의 사람들에게 영향을 미치기 때문에 매우 중요합니다. 정책결정을 위해서는 확실한 정보와 그 정보를 처리하기 위한 확실한 방법론이 필요합니다.

의학, 경제학, 과학, 기술분야에는 전문가들이 있습니다. 그들도 각자의 분야에서 어느 정도는 자료를 해석하고 분석하는 것이 필요합니다.

4. 우리를 우울하게 하는 숫자들

나에게 우울한 숫자로 말하지 마라, 인생은 헛된 꿈일 뿐이다.

- 롱펠로 H. W. Longfellow

우리는 식습관, 운동, 흡연, 음주 습관, 직업과 일상생활에서 받는 스트레스 등이 어떤 식으로 좋고 나쁜 영향을 끼치는지에 대해 신문이나 잡지 또는 기타 다른 언론매체 등을 통하여 끊임없이 접하게 됩니다. 이런 정보는 증감을 나타내는 어떤 단위의 수치로 주어집니다. 아래의 표는 코헨Cohen과 리Lee(1979)로부터 재구성한 것인데 몇 가지 우리들을 우울하게 하는 수치들이 있습니다.

이런 숫자들을 어떻게 해석해야 할까요? 그들은 어떤 메시지를 전하고 있습니까? 그들을 어떻게 이용하여 보다 나은 행복을 위해 자신의 라이프 스타일을 실현할 수 있을까요? (<표6.1> 참조).

표6.1 여러 가지 원인에 따른 기대 수명의 감소

원인	일수	원인	일수
미혼(남성)	3500	알코올	130
왼손잡이	3285	화기에 의한 사고	11
미혼(여성)	1600	자연 방사능	8
30% 과체중	1300	병원 X-ray	6
20% 과체중	900	커피	6
시가렛(남성)	2250	경구피임약	5
시가렛(여성)	800	다이어트 음료	2
시거흡연	330	자궁암 검사	-4
파이프흡연	220	집안의 연기경보	-10
위험한 직업, 사고	300	자동차 에어백	-50
평균적 직업, 사고	74	이동식 심장치료장치	-125

음수는 기대수명의 증가를 나타냄

<표6.1>에 나타나 있는 첫 번째 숫자를 생각해 봅시다. 이 숫자는 미혼남성의 경우 기대수명이 감소한다는 것을 보여줍니다. 이 숫자는 사망자의 성, 결혼유무, 사망한 나이 등에 관한 사망기록 정보에서 얻을 수 있습니다. 남성들의 사망기록에서 기혼인 사람들과 미혼인 사람들의 평균 사망나이를 간단하게 계산할 수 있습니다. 이렇게 계산된 평균 사망나이의 차이가 3,500일(day)이라는 숫자입니다. 이 사실은 아마도 독신으로 지내는 것에 따른 위험요소를 암시하는 것이며, 결혼제도를 좋게 얘기할 수 있는 근거가 될 것입니다. 게다가 결혼을 빨리 하면 10년을 더 오래 살 수 있다고 조언할 수 있는 확실한 사례가 될 것입니다! 그럼에도 불구하고, 이런 사실이 누구에게나 적용될 수 있는 원인(결혼하는 것)과 결과(10년을 더 오래 사는 것)를 암시하는 것은 아닙니다. 어쩌면 특정개인에게는 결혼하는 것이 자살행위처럼 여겨질 수도 있을 것입니다! 의심할 바 없이, 다양한 개인적 특성에 따라 분류하여 사망기록에 대한 세밀한 표를 작성하면 더 유익한 정보를 얻을 수 있을 것입니다. 집단이 다르면 기대수명의 감소와 증가도 각각 다른 값을 가질 것입니다. 어떤 특정개인은 자기 자신의 성격을 분석하여 자신의 성격과 유사한 특성을 지닌 사람들의 집단에서의 관련된 숫자를 참고할 수 있을 것입니다.

왼손잡이가 오른손잡이보다 9년 더 일찍 사망한다는 사실을 <표6.1>에서 볼 수 있습니다. 이것은 왼손잡이에게 유전적으로 나쁜 무엇인가가 있음을 의미하는 것일까요? 아마도 그렇지 않을 것입니다. 그 차이는 대부분의 시설들이 오른손잡이에 맞추어 만들어져 있는 세상에서 왼손잡이인 사람들이 살아가는데 따른 불이익 때문일 것입니다. 그러나 통계적 정보는 일어날 수 있는 위험에 대비하여 왼손잡이들이 자기자신을 보호할 수 있도록 어느 정도의 유용함을 줍니다.

일반적으로 평균은 모집단의 특성을 총괄적으로 암시해 줍니다. 평균은 모집단들을 비교하는데 유용한 용도로 쓰입니다. 따라서 우리는 한달 평균수입이 1,000달러인 사람들의 집단이 한달 평균수입이 500달러인 다른 집단보다 형편이 더 좋다고 말할 수 있습니다. 그러나 평균은 개인의 소득차에 대해서는 어떠한 사실도 말해 주지 못합니다. 예를 들어, 개인소득이 20달러에서 100,000달러까지 차이가 나지만 평균차이는 1,000달러가 될 수 있습니다. 변이 Variability라고 불리는 한 집단 내의 개인의 소득차는 여러 집단을 비교하는데 적합합니다. 대부분의 경우 평균과 변이의 측도(소득의 범위(=최고치-최저치)와 같은 것)는 실제적으로 가치 있는 정보를 제공합니다. 개인에 대한 판단을 내릴 때 평균 자체만으로는 신뢰하기 힘들며 유용하지도 않습니다. 수영을 못하는 사람에게 그의 키가 강의 평균 수심보다 크니까 강을 걸어서 건너도 된다고 조언해 주는 경우를 상상해 보십시오!

5. 일기예보

신뢰할 수 있는 기상예보관은 창가에 가까이 서서 날씨를 관찰한 후 공식적 예보를 사용할 것인지 아니면 자기 자신의 생각으로 예보할 것인지를 결정해야 한다.

몇 년 전까지만 해도 일기예보는 '내일 비가 올 것입니다', '아마도 내일 비가 올 것입니다', '내일 강수량은 없을 것으로 예상됩니다' 등과 같은 형식이었습니다. 그런 일기예보들은 자주 틀렸습니다. 그러나 요즘은 '내일 비올 확률 Chance은 60%입니다'라는 식으로 일기예보를 합니다. 여기서 60%의 의미는 무엇일까요? 이와 같은 표현이 예전의 예보들보다 더 많은 정보를 포함하고 있을까요? 아마도 "확률 Chance"이라는 단어의 의미를 모르는 사람들에게는 요즘의 일기예보가 오히려 혼란스럽게 느껴질 수 있으며, 예전의 일기예보만큼 정확하지도 유용하지도 않다는 느낌을 줄 수 있습니다.

예보의 근거가 무엇이든 간에 예보에는 불확실성의 요소가 존재합니다. 따라서 논리적으로 말하면 예보를 할 때 정확도가 어느 정도인지를 말하지 않으면 그 예보는 의사결정을 할 때 아무런 의미도 도움도 되지 못합니다. 일기예보의

60%와 같은 수치는 예측에 따른 정확도를 제공해 줍니다. 즉, 위와 같이 일기예보를 하였다면 내일과 같은 상황에서 100번 중 60번은 비가 올 것이라는 사실을 암시합니다. 물론, 이중 언제 비가 내릴지를 예측하기는 불가능합니다. 이런 의미에서, "내일 비 올 확률은 60%입니다"와 같은 예보는 "내일 비가 올 것입니다"와 같이 단언적으로 예보하는 것보다 더 많은 정보를 담고 있으며 또한 논리적입니다. 이런 방식의 예보는 어떤 점에서 유용할까요?

"내일 비 올 확률은 60%입니다"라는 일기예보를 듣고 우산을 가져가야 할지 말지를 결정해야 하는 경우를 상상해 보십시오. 더 나아가서, 어느 날 당신이 우산을 가지고 외출해서 겪게 될 불편을 m 달러로 측정할 수 있다고 가정하고, 우산을 두고 외출해서 비에 젖게 됨으로써 받을 손실을 r 달러라고 가정해 보십시오. 그렇다면 비 올 확률이 60%일 때 당신이 선택할 수 있는 두 가지 의사결정이 가져올 예상되는 손실은 다음과 같습니다.

의사결정	예상되는 손실
우산을 가져간다	m
우산을 가져가지 않는다.	$.6(r)+.4(0)=6r/10$

손실을 최소로 하려면, $m \leq 6r/10$이면 우산을 가져가고 $m > 6r/10$이면 우산을 가져가지 않아야 합니다.

이상은 예측의 정확성이나 부정확성의 측도를 이용하여 어떻게 여러 다른 의사결정으로 비롯되는 결과들을 비교해서 최선의 선택을 할 수 있는지를 보여주는 간단한 예입니다. 예측에서 불확실성의 양이 지정되어 있지 않으면 의사결정을 위한 판단근거가 존재하지 않습니다.

6. 여론조사

한번 결심을 하고 나서도, 나는 무척 주저하게 된다.

- 레반트 Oscar Levant

과거에 왕들은 스파이들의 연락망을 통하여 여론을 조사하였습니다. 아마도 그렇게 수집된 정보는 정책을 수립하고, 법을 제정하고, 그 법을 집행하는데 도움이 되었을 것입니다. 현대 여론조사의 역사는 갤럽여론조사의 첫 번째 발표와 함께 시작되었습니다. 이제 여론조사는 여론형성의 중요한 역할을 담당하는 신문이나 그 밖의 다른 뉴스매체들에게는 일상적 업무가 되었습니다. 그들은 일반대중들로부터 다양한 사회적, 정치적, 경제적 문제에 관한 정보를 얻어내어 간추린 보고서를 발표합니다. 그런 여론조사는 민주정치 체제에서 올바른 용도로 사용됩니다. 여론조사를 통해서 정치 지도자들과 관료들은 대중들이 무엇을 필요로 하고 어떤 점을 선호하는지를 알 수 있습니다. 또한 여론조사는 사람들에게 일반적으로 널리 알려진 생각이 무엇인지를 알려주는 뉴스를 만들기도 합니다. 이런 점은 어떤 주요사건에 대한 여론을 구체화시키는데 도움이 될 것입니다.

여론조사 결과는 대개 설명이 필요한 특별형식으로 발표됩니다. 예를 들어 뉴스 진행자는 이렇게 말합니다.

대통령의 외교정책을 찬성하는 사람들의 비율은 42%인데, 플러스 혹은 마이너스 4%포인트의 오차한계를 갖고 있습니다.

여기서 알 수 있듯이, 간단하게 하나의 숫자로 말하는 대신에 (42-4, 42+4)=(38, 46)과 같이 구간으로 말합니다. 이것은 어떻게 구하며, 어떻게 해석해야 할까요?

대통령의 외교정책에 찬성하는 모든 미국 성인들의 실제 비율(퍼센트)이 어떤 값 T라고 가정합시다. T라는 수를 알기 위해서는 모든 미국 성인들을 만나, '당신은 대통령의 외교정책에 대해 찬성하십니까?'라는 질문을 하여 그들의 응답을 얻어야 합니다. 하지만 적시에 빠른 응답을 얻어야 할 경우 이것은 불가능한 작업입니다. 그 다음으로 가장 좋은 방법은 T에 아주 근접하는 추정치를 얻는 것입니다. 뉴스미디어는 일정한 수의 "무작위로 선택된 사람들"에게 전화를 걸어 반응을 들은 후 그 비율을 추정합니다. p명의 사람들 중에 r 명이 그 정책에 찬성한다고 대답했다면, T의 추정치는 $100(r/p)$입니다. 물론, 단지 표본만을 (미국에 사는 성인들의 일부분) 뽑아 산출했기 때문에 추정치에는 얼마간의 오차가 있기 마련입니다. 만일 또 다른 p명의 사람들을 만난다면 다른 추정치를 얻게 될 것입니다. 추정치에서 오차는 어떻게 표시해야 할까요? 두 명의 통계학자 네이만J. Neyman과 피어슨E.S. Pearson이 개발한 이론에 근거하면, 실제값T가 흔히 자주 쓰이는 95%의 높은 "확률Chance"로 다음의 구간

$$100(r/p)-e, \ 100(r/p)+e$$

에 속하게 되는 오차 e를 계산할 수 있습니다. 그 의미는 이 구간이 실제값을 포함하지 않는 사건은 5개의 흰 공과 95개의 검은 공이 들어있는 가방에서 공 하나를 무작위로 꺼낼 때 그 공이 흰 공이 될 경우처럼 희귀하다는 것입니다.

여론조사 결과의 타당성은 선택된 사람들이 "얼마나 대표성이 있는가"에 달려 있습니다. 그 결과가 선택된 사람들의 정치적 성향(공화당원 또는 민주당원)에 좌우된다는 것은 아주 당연합니다. 정치적 성향과 관련하여 아무런 편견이 없다고 하더라도 무응답을 한 사람들이 특정정당에 속한다고 하면 너무나 터무니없는 결과가 나올 수도 있습니다. 어떤 표본조사에서도 어느 정도의 무응답은 피할 수 없으며, 이로 인한 오차는 추가적인 정보를 이용하지 않는 한 평가하기가 어렵습니다.

7. 미신적 행위와 심신치료과정

논리학자인 스멀리언Raymond Smullyan에게 점성학을 믿지 않는 이유에 대해 물어보았다. 그러자 그는 자신의 별자리는 쌍둥이 자리인데, 쌍둥이 별자리를 가진 사람들은 점성학을 전혀 믿지 않는다고 대답했다.

독실한 기독교신자인 나의 친구는 첫 번째 직장에서 받은 첫 월급 전부를 교회에 기부했습니다. 내가 그 친구에게 신의 존재를 믿는지 물어 보았더니 그는 이렇게 대답했습니다.

신이 존재하는지 아닌지 잘 모르겠어. 하지만 신이 존재한다고 믿고 행동하는 것이 보다 편하고 안심이 돼.

아마도 신앙과 미신은 인간의 삶에 공존하고 있는 것 같습니다. 그러나 그것들이 인간의 활동을 지배하는 유일한 요소가 된다면 그것은 위험합니다.

심신치료과정(신체의 병 치료에 심리학의 원리와 방법을 적용하는 것)은 신체의 생물학적 기능에 영향을 줄까요? 어떤 식으로든 실험에 의한 증거는 없습니다. 그러나, "정신에 의한 육체적 어려움의 극복"에 관한 일화를 뒷받침하는 몇 건의 연구가 보고되었습니다. 샌디에고 캘리포니아 대학의 필립스David Phillips는 최근 연구에서 중년을 지난 중국계 미국인 여성들의 25년간 - 추수감사절(그들의 중요한 휴일임)을 전후한 - 의 사망률을 조사했습니다. 그는 사망률이 휴일 일주일 전까지는 31.1%로 떨어지며, 휴일 일주일 후에는 34.6%로 절정에 이른다는 것을 알아냈습니다. 이러한 사실은, 인간은 자신의 의지력으로 경사스런 행사 후까지 삶을 연장할 수 있다는 것을 나타내는 것 같습니다.

필립스Phillips는 초기 연구(1977)에서 1251명의 유명한 미국인들의 출생한 달과 사망한 달에 관한 자료를 수집하고 위의 내용과 비슷한 효과를 보여주었습니다. 아래의 <표6.2>는 필립스에 의해 보고된 자료인데 영국 학술원의 인도인 회원에 관한 자료도 함께 제공하고 있습니다.

<표6.2>를 보면 출생한 달 이전에 사망하는 사람이 출생한 달과 그 이후에 사망하는 사람보다 더 적은 것을 알 수 있습니다. 이러한 현상은 유명한 사람들의 경우에서 더욱 분명히 나타납니다. 전체적으로 볼 때 이 자료는 사람은 생일이 지날 때까지 죽음을 이겨내는 경향이 있다는 사실을 보여 주고 있습니다.

표 6.2 출생한 달과 이전, 이후의 달에 사망한 수

	이전						출생한 달	이후					전체	p
	6	5	4	3	2	1		1	2	3	4	5		
표본1	24	31	20	23	34	16	26	36	37	41	26	34	348	.575
표본2	66	69	67	73	67	70	93	82	84	73	87	72	903	.544
표본3	0	2	1	9	2	2	3	2	0	1	3	2	18	.611

p=출생한 달과 그 이후의 달에 사망한 비율

표본1: '미국의 저명인사 400인Four Hundred Notable Americans'에 실린 매우 유명한 사람들.
표본2: 1951-60년도, 1943-50년도, 1897-1942년도에 간행된 세 권의 '인명록Who is Who'의 주요가족들이란 항목에서 언급된 사람들.
표본3: 인도인 영국학술원 회원.

이러한 연구들을 통해 볼 때 사람들은 그들의 의지력을 발휘하여 생일이나 축제 또는 기념일 등과 같은 중요한 행사가 돌아올 때까지 죽음을 이겨낼 수 있다는 것을 보여줍니다. 이와 관련되어 잘 알려진 예가 제퍼슨Thomas Jefferson의 경우입니다. 그는 정확히 미국의 독립선언 50년 후인 1826년 7월 4일날 사망한 것으로 알려졌는데, 사망할 당시 그는 담당의사에게 "오늘이 4일입니까?"라고 질문하였다고 합니다.

필립스가 연구한 것과 같이 전적으로 발표된 연구들만이 그 분야에 대해 모든 걸 이야기하는 것은 아닙니다. 연구작업에서는 많은 사람들이 같은 문제에 매달리는 경우가 흔하며 이 중에서 아마도 우연히 긍정적인 결과를 얻은 연구들만이 보고됩니다. 부정적인 결과를 얻은 연구들은 일반적으로 보고되지 않고 파일 캐비넷 속에 보관되는데 이러한 상황을 "서랍 속 파일 문제File drawer problem"라고 합니다. 그러므로 발표된 자료에서 그 결과를 받아들일 때나 결론을 내릴 때에는 어느 정도 신중을 기할 필요가 있습니다.

8. 통계학과 법률

대체로 세 부류의 사람들이 법을 제대로 이해하지 못한다. 세 부류의 사람들이란 법을 제정하는 사람들, 법을 집행하는 사람들, 그리고 법을 어기면 고통받게 되는 사람들을 가리킨다. - 핼리팩스Halifax

정의의 실현뿐만 아니라 정의가 실현되는 것을 볼 수 있어야 한다.

지난 10년 동안, 통계적 개념과 방법은 민사사건에 관련된 복잡한 문제들을 해결하는 데 중요한 역할을 했습니다. 대표적인 예로는 친자확인 소송문제, 소수집단에 대한 고용이나 주택수용기회의 차별문제, 환경규칙이나 안전규칙을 정하는 문제, 허위 광고로부터 소비자를 보호하는 문제 등이 있습니다. 이상의 모든 경우에서의 논쟁들은 통계적 자료와 해석을 기초로 합니다. 판사는 제출한 증거의 신뢰성에 대해 판단을 내려야 하며, 각 사건마다 적절한 보상과 법적 책임을 결정해야 합니다. 이런 과정에서 논쟁과 관련된 모든 소송당사자들을 비롯하여 양쪽 변호사 그리고 더 중요하게는 판결을 내리는 판사들 모두가 어느 정도의 통계학적 지식을 가져야 하며 통계학을 이용할 때 흔히 발생하는 위험에 대해 이해하는 것이 필요합니다.

아이슨Eison 대 녹스빌Knoxville 시 사건을 살펴보도록 하겠습니다. 그 사건은 녹스빌 경찰학교에 지원한 한 여성이 학교측에서 실시한 체력시험과 지구력시험에서 여성을 차별대우했다고 주장한 것이었습니다. 이에 관한 증거로 아이슨은 그녀 학급의 시험결과를 표로 만들었습니다(<표6.3>참조).

표6.3 원고의 학급에 속한 학생들의 시험 통과 비율

성별	합격	불합격	합격비율
여성	6	3	.666
남성	34	3	.919
전체	40	6	.870

그녀는 학교가 EEOC(고용기회 균등 위원회Equal Employment Opportunity Commission)의 '80%' 규칙을 위반하고 있다고 주장했습니다. 왜냐하면 그 비율이 .666/.919=72.5%이므로 80%보다 훨씬 적다는 것입니다. 판사는 <표6.4>와 같은 형태의 전교생에 대한 결과를 요구했습니다. 이 경우에 그 비율은 (.842)/(.955)=88.2%>80%이었습니다. 판사는 이 문제는 시험을 본 "모든 사람"을 고려해야지 특정한 "부분 집합"만을 고려해서는 안 된다고 말함으로써 아주 정당한 판단을 내렸습니다. 이상은 이해 당사자가 전체 자료와는 다르게 보이는 자료의 일부분을 택하여 소송을 건 대표적인 사례입니다.

표6.4 전교 학생의 시험 통과 비율

성별	합격	불합격	합격비율
여성	16	3	.842
남성	64	3	.955
전체	80	6	.930

양적 증거는 흔히 특정한 측정값이나 의견에 대한 평균이나 비율의 형태로 제출되는데, 그것은 모집단의 일부분에 속한 적은 비율의 개인을 대상으로 조사하여 작성됩니다. 그렇다면 그 인용된 수치는 전체적으로 모집단의 특별한 특성을 대표한다고 볼 수 있습니까? 그것은 조사를 위해 접촉한 사람들이 충분히 많은지 그리고 그 사람들을 선택할 때 치우침이 없는지에 따라 달라집니다.

모집단의 특성값을 표본 추정치로 추정하여 받아들이려면 조사를 수행하는 과정을 신중하게 검토하여 표본이 대표성을 갖도록 해야 하고 표본크기를 적절히 히여 추정치의 정화도를 일정한 수준으로 유지해야 합니다. 판사들이 조사방법론에 대해 어느 정도 이해를 하여 개별사건들마다 표본 추정치를 채택할 것인지 아니면 기각할 것인지를 판단할 수 있다면 법 집행은 훨씬 나아질 것입니다. 이것은 판사가 통계학자로서의 자격을 갖추어야 한다는 것이 아닙니다. 단지 의사결정과 관련된 통계적 추론과 불확실성에 대해 어느 정도 이해를 하고 있으면 그에게 당면한 통계적 논쟁에서 자신의 독자적인 견해를 형성하는데 큰 도움이 된다는 것입니다.

어떠한 판결도 증거에 대해 그 증거의 등급을 매기며 모든 증거가 주어진 상황에서 한 사건이 진실일 확률을 계산합니다. 또한 결백한 사람에게 유죄를 선언하고 유죄인 사람에게는 무죄를 선언하는 중대한 오류를 고려하여 의사결정을 하게 됩니다. 다음은 문장으로 표현된 증거의 여러 가지 등급에 관한 기준입니다.

① *그럴듯한 증거*

② *명백하고 설득력 있는 증거*

③ *명백하고, 명료하며, 설득력 있는 증거*

④ *의심의 여지가 없는 증거*

와인슈타인Weinstein 판사는 위와 같은 증거의 기준을 판사들이 일반적으로 어떻게 해석하는지 확인하기 위하여 미연방 지방법원에 근무하는 그의 동료 판사들에 대해 조사했습니다. <표6.5>는 각 증거의 기준에 대해 판사들이 응답한 확률(백분율로 표시됨)입니다.

<표6.5>를 보면, 판사들은 네 가지 기준에 대해 증가하는 순으로 확률을 할당한다는 점에서 일관성이 있어 보입니다. 그러나 높은 등급의 증거에 할당된 확률에 대해서는 판사들 사이에 얼마간의 변이가 있습니다.

통계학에는 '베이즈 절차'라고 하는 정교한 통계적 기법이 있습니다. 이 방법에 의해 한 개인이 유죄일 것으로 생각하는 판사의 사전확률Prior probability은 일정 수준의 신뢰도를 갖춘 현재의 증거를 사용하여 새롭게 갱신됩니다. 주어진 현재의 증거를 조건으로 하여 계산된 이 확률을 사후확률Posterior probability이라고 하는데 이는 의사결정에서 중요한 요소로 작용합니다. 이

처럼 통계학의 한 기법으로 개발된 '베이지안 의사결정론'이 법을 집행하는데 있어서 객관적 근거를 제공하는 것 같습니다.

표6.5 뉴욕 동부 지방법원의 판사들이 생각하는 여러 가지 증거의 기준과 관련된 확률

판사	그럴듯한 증거(%)	명백하고 설득력 있는 증거(%)	명백하고, 명료하며, 설득력 있는 증거(%)	의심의 여지가 없는 증거(%)
1	50+	60-70	65-75	80
2	50+	67	70	76
3	50+	60	70	85
4	41	65	67	90
5	50+	기준이 도움이 안됨		90
6	50+	70+	70+	85
7	50+	70+	80+	95
8	50.1	75	75	85
9	50+	60	90	85
10	51	수치로 추정할 수 없음		

출처: 미국의 파티코관련 형사사건 판례로부터 U.S.v.Fatico 458 F. Supp.388(1978) at 410.

9. 초감각적 인지와 놀라운 일치

> 우주는 논리적이라기보다는 통계적 확률에 의해 지배받고 있다. 그러나 통계적 확률이 여전히 이 세상을 놀랄 만큼 발전시키고 있는 것도 사실이다. 만일 삶이 수백번 연속하여 '6'이 나오는 것과 같다면 우리는 여러 세기 동안에 한 번 이상은 그 경우가 일어나지 않을 것이라는 것을 알고 있다. 그러나 질서 정연한 우주법칙을 뒤집지 않고 오늘밤 이 장소에서 일어날 수 있다는 것 또한 알고 있다. 이것은 확실한 사실이다.
>
> - 체스터톤 G. K. Chesterton

우리는 때때로 다른 사람의 마음을 읽을 수 있는 초감각적 인지Extra sensory perception(ESP)를 지닌 사람들에 대한 이야기, 미래를 정확히 예측하는 점성가들에 대한 이야기, 그리고 네 달 동안 복권에 두 번씩이나 당첨된 사람의 예에서처럼 기막힌 동시발생 사건에 대한 이야기 등을 듣게 됩니다. 이런 사건들은 뉴스거리가 되며 사람들은 아마도 이와 관련된 기사를 흥미롭게 읽을 것입니다. 그렇다면 이런 사실들은 무언가 보이지 않는 힘의 존재를 시사하는 것일까요?

ESP와 같은 비범한 능력을 지닌 사람들의 존재 가능성이나 태어날 때 운성의 위치가 그 사람의 운명을 결정한다는 가능성을 완전히 제외하는 것은 아마도 신중한 자세가 아닐 것입니다. 그러나 흔히 선별적으로 이뤄진 성공담에 대한 보도는 그런 가능성에 대한 강력한 증거가 되지는 못합니다.

예를 들어 다음과 같은 전형적인 ESP 실험을 생각해봅시다. 즉, 실험자가 두 개의 물건 중에 하나를 골라 그것을 판지 아래에 놓고 한 명에게 그것이 둘 중에 어느 것인지 묻는 것입니다. 이러한 실험을 4회 반복했을 때 순전히 짐작으로만 모두 정확히 맞힐 확률은 1/16입니다. 이것은 일반인 64명에게 이러한 실험을 해보면 순수하게 우연에 의해 정답을 맞히는 사람이 약 3-4명이 된다는 의미입니다. 이와 같은 실험에서 모두 정답을 맞힌 이러한 사람들을 ESP를 가진 사람으로 볼 수는 없습니다. 그러나 단지 그들이 정확히 맞힌 결과만을 보도한다면 그것은 충분히 우리의 관심을 끌 만합니다.

또 다른 예를 살펴보도록 합시다. 적어도 23명의 사람들이 참석한 파티에서 그들의 생일을 물어보면 그들 중 두 사람은 생일이 같다는 것을 발견할 것입니다. 이것이 놀라운 우연일치의 현상으로 보일지도 모르지만, 이러한 사건이 발생할 확률을 계산해 보면 그것은 50%나 됩니다.

하버드대학 교수인 다이아코니스Diaconis와 모스텔러Mosteller는 미국통계학회저널Journal of the American Statistical Association에 발표한 연구논문에서(Vol. 84, pp. 853-880), 미국의 어느 지역에서 누군가가 네 달 동안 복권에 두 번씩이나 당첨되는 대부분의 사례가 놀랄만한 사건으로 보일 수 있지만 발생확률이 꽤 높은 사건들임을 보여 주었습니다.

통계학에는 하나의 법칙이 있습니다. 그것은 하나의 표본이나 하나의 실험에서는 그 확률이 아무리 작더라도 표본의 수가 충분히 크면 어떤 사건도 일어날 수 있다는 것입니다. 그것은 언제라도 발생할 수 있으며 아무런 이유 없이 나타날 수 있습니다.

10. 수량화된 통계적 사고의 확산

그가 자신의 뜻을 분명히 설명하기를 바라네.

- 바이런Lord Byron

우리는 학교에서 읽기Reading, 쓰기Writing, 그리고 셈하기Arithmetic, 즉 3R을 배웁니다. 하지만 이것만으로는 충분하지 않습니다. 불확실한 상황에 대처할 수 있는 방법을 공부할 필요가 있습니다. 부족한 정보만으로 어떻게 의사결정을 해야할까요? 초기단계의 학교 교육과정에 네 번째 R, 즉 '불확실성 하에서의 추론Reasoning under uncertainty' 과목을 도입하도록 해야만 합니다. 이것은 자연 속의 예측 불가능한 사건들, 개인들간의 차이, 측정오차의 변이성 등에 관한 예를 보여주고, 그러한 상황에서 얻어진 관측자료나 정보로부터 무엇을 배울 수 있는가에 대해 설명해 주면 됩니다.

또한 우리는 정부에 의해 취해지는 조치의 결과들이나 과학자들의 연구결과에 대해 지속적으로 일반인들을 교육시키기 위해 뉴스매체, 신문, 라디오, 텔레비전 등을 어떻게 활용할 것인가에 대해 연구해야 합니다. 이를 위해서는 그러한 결과들에 대한 통계적 정보나 기사를 편견 없이 해석할 수 있는 능력을 지닌 식견 있는 기자들이 있어야 합니다. 물론 보도기자들은 어느 정도 제약을 갖고 있습니다. 그들은 사회질서 등에 어긋나지 않도록 기사를 작성해야 하며 그 기사는 편집인들이 채택할 수 있도록 충분한 센세이션이 있어야 합니다. 그들은 독자적 판단을 위한 전문지식을 갖지 못하고 오히려 전문가들이 장려하고자 하는 것을 요약하고 싶어할 지 모릅니다. 통계적 문제를 보도하는 기자들을 교육시킬 필요가 있습니다. 하버드대학의 모스텔러F. Mosteller 교수는 과학담당 기자들에게 정기적으로 통계학 강의를 하고 있습니다. 그래서 그들이 통계적 문제에 관해 편견 없이 그리고 일반인이 이해할 수 있는 방식으로 기사를 쓰도록 도와주고 있습니다. 이것은 가치 있는 시도입니다. 대학에 과학담당 기자들을 교육시키기 위한 정규과정을 개설하도록 노력해야 합니다.

11. 핵심기술로서의 통계학 ˣ

과거에 한 나라의 경제는 전쟁을 대비에 얼마나 원활하게 준비하고 있는가에 달려있었습니다. 오늘날 위협과 대결은 화해와 협상으로 전환되고 있습니다. 어느 나라이건 앞으로의 가장 큰 문제는 전쟁에의 도전이 아니라 평화에의 도전입니다. 미래에 관한 논쟁의 주제는 경제와 사회복지에 관한 것이며, 우리는 이를 위해 사회를 괴롭히는 기아와 빈곤에 맞서 싸워야 합니다. 우리는 아직 이런 종류의 공격에 충분히 준비를 하지 못하고 있습니다. 우리의 성공은 최적의 의사결정을 위해 필요한 정보를 획득하고 처리하는 데 달려있습니다. 이러한 최적의 의사결정을 통해 이용 가능한 모든 인적 물적 자원을 최대로 활용하여 개인의 삶의 질을 증진시킬 수 있습니다. 이런 과정은 다음과 같은 사항을 확실히 지켜 가면서 신중하게 실행되어야 합니다.

* *이러한 발전은 공평하고 지속가능해야 한다.*
* *생물권에는 회복 불가능한 어떠한 손상도 입혀서는 안 된다.*
* *윤리적 공해(또는 인간 가치의 타락)가 없어야 한다.*

이와 같은 혁명을 성공시키기 위해서는, 통계학이 핵심기술이 되어 평화를 통한 새로운 세계를 실현하여야 합니다.

＊참고문헌

- Cohen, B. and Lee, I.S.(1979). A catalog of risks, *Health Physics,* 36, 707-722.
- Diaconis, P. and Mosteller, F.(1989). Methods for studying coincidences, *J. Amer. Statist. Assoc.,* 84, 853-880.
- Phillips, D.P.(1977). Deathday and birthday: An unexpected connection, In Statistics: *A Guide to Biological and Health Sciences* (Eds. J.M. Tanur, et. al.), pp. 111-125, Holden Day Inc., San Francisco.

부록

스리니바사 라마누잔
Srinivasa Ramanujan
: 보기 드문 비범한 인물

스리니바사 라마누잔: 보기 드문 비범한 인물 ×

'CSIR 라마누잔 추모강연회'에 초대받아 강의하게 된 것을 매우 영광스럽게 생각합니다. 저는 이 제의를 흔쾌히 수락하였습니다. 왜냐하면 라마누잔의 생애는 저의 세대의 학생들에게 매우 큰 영향을 미쳤기 때문입니다. 우리가 경축하고 있는 이 위대한 천재의 탄생 100주년은 여러 가지 의미에서 중요성을 지닙니다. 이것은 영Zero과 음수라는 중요한 발견으로부터 시작한 인도에서의 수학의 전통이 여전히 존재하고 있음을 상기시킵니다. 또한 이것은 젊은이들로 하여금 그들 또한 창조적인 사고를 통하여 그들의 삶을 풍요롭게 할 수 있다는 것을 상기시킬 것입니다. 마지막으로 저는 이것을 통하여 과학과 예술의 진보에 있어서 중요한 요소인 수학의 중요성을 범국민적으로 인식하는 계기가 되기를 바라며, 우리 나라에서 수학에 관한 연구를 격려하는 모든 노력들이 경주되어야 한다는 사실을 인식하는 계기가 되었으면 합니다.

1986년 미합중국 대통령은 4월 14일부터 20일까지 일주일을 '수학의 주'로 선포하고, 수학공부에 대한 미국학생들의 관심을 고양시켰습니다. 구 소련 스푸트니크 Sputnik의 시대정신은 아직도 미국인의 뇌리에 남아있으며, 수학을 무시하는 그 어떠한 경향도 미국의 과학과 기술의 진보에 역행하는 것으로 받아들여지고 있습니다. 제 생각에 인도에서 필요한 것은 '수학의 주'를 선포하는 정도가 아니라 형편없는 우리 나라 수학의 현주소를 인식하도록 하는 선포가 필요하다고 생각됩니다. 라마누잔 탄생 100주년을 인도 수학발전의 계기로 삼읍시다. 수학발전에 대한 우리의 기여가 영(zero)에서 시작해서 영(zero)으로 끝났다는 말을 듣지 않도록 합시다.

라마누잔의 생애와 업적들이 저의 강의 주제와 일면 관련이 있으므로 그에 대하여 몇 마디 언급하고자 합니다. 라마누잔은 수학이라는 창공에 유성처럼 나타나서, 짧은 생애를 질주하다 32세의 젊은 나이로 갑자기 사라졌습니다. 그는 살아있는 동안 현대수학이라는 지도에 인도를 그려 넣었습니다. 그가 여러 분야에 걸쳐 끼친 수학적 영향은 심오하고도 영속적인 것이었으며, 그는 인류역사상 위대한 수학자중의 한사람으로 불리고 있습니다. 라마누잔은 이미 존재하는 수학만을 고집하지 않고, 수학을 발견하고 창조하였습니다. 바로 이점이 그를 수수께끼와도 같은 뛰어난 인물로 만들었으며, 그가 이룩하였던 창조적 작업들은 불가사의한 전설과 신비로 남아 있습니다.

그는 생을 마감할 때 신기하고도 귀중한 유산을 남겼는데 그것은 3권의 노트와 스크랩된 종이조각들에 기록된 약 4,000개의 공식들이었습니다. 이러한 그의 업적들이 12년에 걸쳐 이루어졌다고 생각해 보면, 그는 매일 새로운 공식이나 새로운 이론을 발견하였던 것입니다. 물론 이 기록은 보통의 창조적인 활동에 종사하는 그 어떤 사람의 기록도 감히 따를 수 없는 것입니다. 이것들은 보통 이론들이 아닙니다. 그 하나하나가 전혀 새로운 이론을 만들어내는 핵심적 요소를 지닌 것들입니다. 이러한 것들은 어디서 갑자기 튀어나온 마술과도 같은 식들이 아닙니다. 오히려 이 식들은 현대의 수학연구에 깊은 영향을 끼쳤을 뿐만 아니라, 우주론의 초끈이론Superstring theory에서부터 복잡한 분자조직의 통계역학에 이르기까지 이론물리학에 새로운 개념을 도입시켰습니다. 이 노트는 건강이 악화된 상태에서 생애 마지막 일 년 동안에 수행하였던 그의 작업내용이 분류되지 않은 130페이지에 기록된 채로 1967년 켐브리지의 트리니티 대학Trinity College도서관에서 발견되었습니다. 단지 그의 이 "잃어버린 노트Lost Notebook"에 기록되어 있는 내용만으로도 "그 어떤 위대한 수학자의 평생과업에 필적할 만하다"고 말할 수 있습니다. 라마누잔의 공헌에 대한 독창성, 깊이 그리고 영속성에 대하여 위스콘신대학의 애스키Askey 교수는 다음과 같이 말했습니다.

그의 연구결과들은 언뜻 보아 거의 이해하지 못할 것처럼 보입니다. 그리고 그것을 이해한 이후에는 대부분의 연구결과들이 금세기를 살아온 그 어떤 사람이라도 재발견할 수 없을 것이라고 단언하는 것이 당연하다는 것을 알게 됩니다. 또한 라마누잔이 발견한 공식들 중에는 그 누구도 이해할 수도 증명할 수도 없는 것들이 있습니다. 우리는 어떻게 라마누잔이 이 공식들을 발견했는지 결코 이해하지 못할 것입니다.

라마누잔의 창조력을 이해한다는 것은 어려운 일입니다. 과학적 연구나 순수예술의 역사에서 이와 견줄 만한 것은 없습니다. 뭇 과학자들이 우주 속의 자연현상을 지배하는 숨겨진 법칙을 발견하기 위하여 노력하듯이, 라마누잔도 무한 정수집합을 지배하는 신비한 법칙들과 관계식들을 발견했습니다. 그러나 그 스타일은 모든 과학자들에게 외경과 감탄을 주는 것이었습니다. 죽음의 그림자가 드리워지던 1919년, 라마누잔은 차수를 무시하고 정수부분의 합으로 정수를 표현하는 여러 조합의 경우의 수 $p(n)$에 관해 다음과 같이 생각했습니다.

"$24n-1 \equiv 0 \bmod (5^a 7^b 11^c)$이면, $p(n) \equiv 0 \bmod (5^a 7^b 11^c)$이다." (1)

이 식 뒤에 숨겨진 생각은 뛰어난 것이었으며, 이와 같은 형식은 지난 일세기 동안 타원함수Elliptic functions와 모듈러함수Modular functions의 일반이론에서는 사용된 적이 없는 실로 아름다운 발견이었습니다. 또 다른 인도 수학자인 초울라Chowla에 의하여 이 식이 n=243에 대해서는 성립하지 않으므로 추측이 틀린다는 것이 밝혀졌습니다. 그래서 이 식은 다음과 같은 간단한 수정이 필요했습니다.

"$24n-1 \equiv 0 \bmod (5^a 7^b 11^c)$이면, $p(n) \equiv 0 \bmod (5^a 7^{(b/2)+1} 11^c)$이다." (2)

즉, 앳킨Atkin(1967)이 보여준 것처럼[Glasgow Math. J.,Vol. 8, pp. 14-32], 식(1)에 있는 7의 지수를 b에서 (b/2)+1로 대체시킨 것입니다. 라마누잔이 옳은 식을 구하지 못했다는 것은 여기서 그다지 중요하지 않습니다. 중요한 것은 이러한 아이디어를 생각할 수 있었다는 것 자체가 설명이 불가능한 그 어떤 사고의 과정을 증명하고 있다는 사실입니다.

사람이 어떻게 이와 같은 놀라운 아이디어를 가질 수 있는 것일까요? 창조적 사고를 하기 위하여 어떠한 준비가 필요한 걸까요? 천재는 타고난 것일까요, 아니면 만들어지는 것일까요? 아마도 이러한 질문들에는 명확한 해답이 없을 것입니다. 그러나 설사 우리가 이러한 질문들에 대한 해답을 찾을 수 있다 할지라도, 라마누잔의 두뇌에서 돌출하는 놀라운 아이디어들의 신속성에 대하여는 무어라 설명할 수가 없을 것입니다. 더더욱 흥미를 자아내는 것은 라마누잔은 고급수학에 대한 정규적 교육을 받은 적이 없으며, 수학연구에 입문한 적도 없고 현대수학에서 문제가 되는 분야나 연구경향에 대하여 알지도 못하였다는 사실입니다. 그는 증명이나 동기에 대한 설명 없이 수학정리를 기술하였습니다. 라마누잔은 그가 그 결과들을 어떻게 얻었는지 설명할 수 없었습니다. 그는 여신 나마칼Namakkal이 꿈속에서 그에게 공식들에 대한 영감을 준다고 말하곤 했습니다. 그는 잠자리에서 일어나자마자 어떤 결과들을 기술하고 또한 그것들을 빠르게 증명하곤 하였습니다. 항상 정밀한 증명을 할 수 있었던 것은 아니었지만 이와 같은 일들은 자주 되풀이되었습니다. 그가 기술한 많은 정리들은 옳은 것으로 입증되었습니다. 창조력은 잠재의식 수준에서 나타나는 것일까요?

마할라노비스P.C. Mahalanobis 교수는 영국 캠브리지에서 라마누잔과 함께 있었습니다. 그는 라마누잔에 관한 몇 가지 이야기들을 하곤 했는데, 이것들은 랑가나단S.E. Ranganathan이 쓴 '인간과 수학자로서의 라마누잔Ramanujan, the Man and the Mathematician'이라는 전기에 기록되어 있습니다. 마할라노비스 교수가 기억하고 있는 한가지 이야기를 랑가나단의 책에서 인용하고자 합니다.

한번은 내가 라마누잔의 방에 갔습니다. 그때는 1차대전이 시작한 지도 꽤 되었던 때였습니다. 나는 스트랜드 매거진Strand Magazine이라는 월간잡지를 손에 쥐고 있었는데, 그 당시 그 잡지에는 독자들이 풀 수 있는 수수께끼들이 많이 있었습니다. 라마누잔은 우리들의 점심을 위하여 냄비에 있는 무언가를 휘젓고 있었고 나는 식탁에 앉아서 잡지를 뒤적이고 있었습니다. 그때 나는 두 개의 숫자 사이의 관계를 묻는 문제를 살피고 있었는데, 어떤 문제였는지는 구체적으로 생각나지 않지만 문제의 유형은 기억합니다. 긴 거리의 서로 다른 집에서 사는 두 명의 영국장교가 전쟁에서 사망하였습니다. 이 집들의 문 번호들은 어떤 특별한 방식으로 연관되어 있었는데, 문제는 바로 이러한 숫자들을 찾는 것이었습니다. 그것은 전혀 어렵지 않았기 때문에 나는 몇 분만에 시행착오에 의해 답을 얻을 수 있었습니다.

나(농담조로): 자 이제 자네가 한번 풀어보지.

라마누잔: 무슨 문제, 말해보게나.(그는 계속해서 냄비를 휘젓고 있었습니다.)

나는 잡지에서 그 문제를 읽어 주었습니다.

라마누잔: 해답을 받아 적어주겠나.(그는 連分數를 구술하였습니다.)

처음 항은 내가 얻었던 해답이었습니다. 그러나 연속되는 각 항은 거리의 집들이 무한히 증가하게될 때, 두 숫자들 사이의 같은 관계유형에 대한 연속적 해답들을 제시하였습니다.

나(깜짝 놀라서): 자네는 순간적으로 이 해답을 생각하였나?

라마누잔 : 나는 그 문제를 듣자 곧 이문제의 해답은 분명히 連分數라는 것을 알았네.

그때 나는 생각했습니다. "어떤 連分數란 말인가?" 그리고 해답이 머리에 떠올랐습니다. 그것은 아주 간단한 것이었습니다.

랑가나단에 따르면 라마누잔이 최초로 수학에 관심을 보인 것은 12살 때였다고 합니다. 그는 그때 쿰바코남Kumbakonam에 있는 고등학교의 상급반에서 공부하고 있는 그의 친구에게 수학에서 "가장 중요한 진리"는 무엇이냐고 물었다고 합니다. 피타고라스 정리와 주식시장Stocks and Shares의 문제가 "가장 중요한 진리"로 그에게 언급되었다고 합니다. 피타고라스 정리는 연역적 방법을 통하여 주어진 전제로부터 결론을 도출해내는 진정한 수학에 속하며, 그 결론에는 불확실성에 대한 어떠한 의문도 없습니다. 주식시장의 문제는 확률에 속하며, 여기서는 도출된 결론이 반드시 옳은 것은 아니지만 도움이 되곤 합니다. 이 두 가지는 탐구와 연구에서 도전의 여지가 많은 분야였습니다. 주식시장의 문제보다는 피타고라스 정리에 더 익숙해 있었으므로 이것이 라마누잔을 수학으로 이끌었을 것입니다.

라마누잔은 대부분의 연구결과들을 증명 없이 노트에 기록하였습니다. 그는 모든 유도과정을 석판 위에다 풀어본 후 최종 결과만을 종이 위에 기록하였다고 합니다. 왜 종이를 사용하지 않느냐는 질문을 받았을 때, 그는 매주 세 다발의 종이를 사용해야하는데 그 종이를 살만한 충분한 돈이 없다고 답변했다고 합니다.

라마누잔은 세계적으로 유명한 수학자 하디G.H. Hardy와 함께 일하기 위하여 1914년 캠브리지로 갔습니다. 그는 그때까지 인도의 학술지에 5편의 논문을 발표하였습니다. 그 후 그는 짧은 연구기간 동안이었지만 단독으로 혹은 하디와 공동으로 모두 37편의 논문을 발표하였는데, 그 연도별 발표건수는 다음과 같습니다.

기간	1914 이전	1914	1915	1916	1917	1918	1919	1920	1921
발표한 논문의 수	5	1	9	3	7	4	4	3	1

라마누잔은 1920년 33세의 나이로 짧은 생애를 마감하였습니다. 그의 생애 마지막 2-3년은 건강이 몹시 악화되었는데, 그 동안에도 계속 작업을 진행하여 노트에 많은 연구결과들을 남겼습니다. 그 노트는 몇 년 전에 발견되었습니다. 이 "잃어버린 노트"에는 수많은 새로운 정리들이 들어 있는데, 이러한 정리들이 '정수론Number theory'에 새로운 연구의 지평을 열었습니다.

라마누산은 보기 드문 비범한 사람이었지만, 그가 살았던 환경은 그리 좋지 못했습니다. 즉 행정적 일을 처리하는 사무직원들을 양성하기 위해 짜여진 판에 박힌 교육체제, 총명한 학생들이 학문적 열정을 포기하고 생업전선에 뛰어들게 만들었던 가난, 그리고 연구를 위한 단체의 지원이나 다른 여타의 연구기회가 부족한 상황 속에서 살면서 그는 꽃을 피웠던 것입니다. 수학분야에서 이룩한 라마누잔의 업적에 대하여 네루Jawaharlal Nehru는 그의 저서 '인도의 발견Discovery of India'에서 다음과 같이 적었습니다.

라마누잔의 짧은 생애와 죽음은 인도가 처한 상태를 상징하고 있습니다. 수백만의 사람들 중 교육을 받은 사람은 도대체 몇 명이나 됩니까? 또한 얼마나 많은 사람들이 기아선상에서 허덕이고 있습니까? 만약 인생이 그들에게 문을 활짝 염고 그들

에게 충분한 음식과 훌륭한 생활, 교육환경 그리고 성장의 기회들을 제공한다면, 이 수백만의 사람들 중에서 새로운 인도와 새로운 세계를 건설하는데 일조할 수 있는 뛰어난 과학자, 교육자, 기술자, 산업역군, 작가, 예술가들이 얼마나 배출될 수 있겠습니까?

네루는 몽상가였습니다. 인도의 상황은 지난 수년간 매우 많이 호전되었으며, 인도의 평균적 과학수준은 그 어떤 선진국과도 비견할 만한 것입니다. 그러나 아직도 우리가 원하는 탁월한 수준에까지는 이르지 못했다고 생각합니다. 저는 정부와 학술단체들이 나서서 인도가 기술혁신과 첨단과학분야에서 선두주자의 위치를 차지하는데 필요한 제반사항들을 연구하고(통계학자들의 도움으로!) 수행하기를 바라는 바입니다.

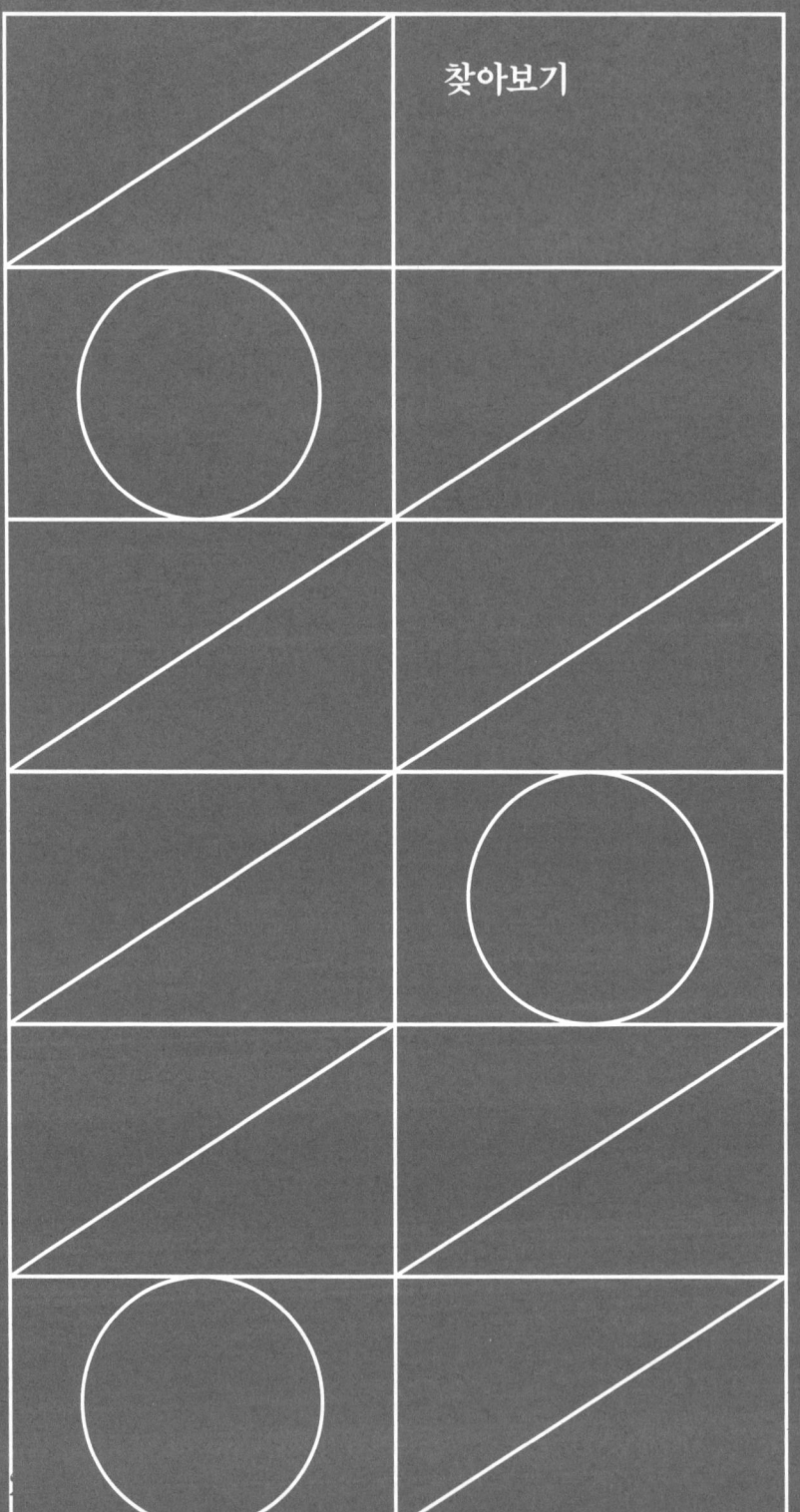

찾아보기